哈佛商學院教我的

30歲就定位の成功術

仕事は６倍速で回せ！

石塚孝一◎著 黃文玲◎譯

前言

慢，就是輸！加速才能贏

在我小時候，石之森章太郎原著的卡通「人造人009」甚為風行，最近這個作品被重新改編，再度搬上大銀幕。

這部卡通講述9位人造人戰士，與世界上的邪惡力量對抗，捍衛地球和平的故事。9位人造人各有不同的特殊能力，有的戰士具有超能力或飛行能力，有的全身以武器改造而成，甚至具有變身能力。

隊長的特殊能力是「加速裝置」，只要啟動它，最快能以5馬赫飆速移動，由於位移速度過快，看在周圍的人眼裡，還以為他憑空消失了。

我從小就嚮往擁有這樣的加速裝置，黃色圍巾隨風飄揚，運用加速裝置快移50公尺的畫面，相信很多小孩都曾有過相同的夢想。

◉做更快，才有機會學更多！

出社會後，我發現在職場上，如果沒有經常啟動加速裝置是不行的。**和四周的人以相同的速度，做相同的事情，既無法致勝，也難以成功。**

我跳級從美國大學畢業後，進入了湯姆森金融公司（Thomson Financial）。當你在第一份工作中，該學的都學會了，就是該離職的時候。我在4年後進入路透社，1年後，成為該公司史上最年輕的商品經理，之後又快速升遷，晉升為該公司最年輕的部長（29歲）。

在這段期間，我於青山大學取得MBA學位，然後前往哈佛大學商業研究所就讀AMP課程，繼續進修。35歲那年，終於獨立門戶自組公司。

我以最快的速度出人頭地，同時利用上班以外的時間學習。因為我的工作速度是別人的好幾倍，從我在進入職場後，每天工作16小時。以普通人3倍的效率，做2倍的工作，這正是「6倍速工作」的意義。

簡而言之，每天工作8小時，以別人的2倍效率工作，或是每天工作16小時，做別人2倍的工作，這樣仍然不夠；換句話說，**如果不能成為職場上的超人，成功將會遙不可及**——這是我在競爭激烈的外商企業所學到的。

所謂超人，就是「超越常人」，意即能否踏上成功的階梯，關鍵在於能不能啟動身上的「加速裝置」。

「沒有時間」、「工作太多」……這種不斷抱怨的人，恐怕工作效率都不好。我做的工作，是一般人的好幾倍，卻從不覺得時間不夠用。**時間得靠自己創造，而不是靠別人給予**。

在書中，我會詳細介紹6倍速的工作方法，想成為他人口中很會做事的「能人」，不需要特殊才華。有別於頂尖運動員或國手，需要某種程度的天分、資質，上班族只要比別人努力，工作技巧就會精進，出人頭地的機會自然大增。如果無法從周遭人士獲得良好的評價，問題純粹在於不得其法。

希望各位讀者能參考我的工作方式，進而發展出一套屬於自己的工作模式，為自己找到啟動加速裝置的方法，一定能戰勝嚴苛的環境。

2013年2月

【哈佛職場超人・6倍速工作術專家】 石塚孝一

目錄 Content

第1章 8件事，決定你30歲前就定位

第2章

12個工作技巧，讓你大翻身

第3章 貫徹「6倍速」的時間管理技巧，不做白工

第4章 花1次功夫，累積6倍的資訊、人脈

第5章

第1秒就抓住人心的名人簡報術

第6章 主管、下屬都挺你的溝通技巧

第7章

「不滿」，是前進的動力

第 1 章

8 件事，決定你30歲前就定位

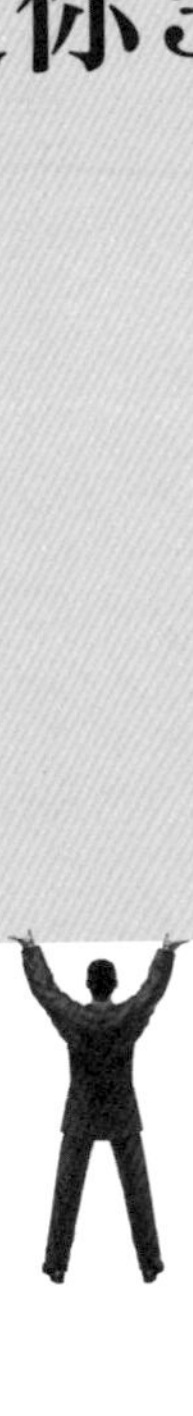

準備 1

光努力，不會成功，速度才是關鍵

我向來喜歡「最快」、「最年輕」這樣的字眼，因為以最短時間達到與他人相同的成就，是我的理想。

我先簡單敘述自己的經歷——這麼做絕不是為了自誇，而是希望大家把焦點放在「達成的速度」。

22歲：跳級從美國大學（西南大學）畢業，主修雙學位。
22歲：進入湯姆森金融公司。
28歲：日本路透社（現湯姆森・路透社）最年輕的商品經理。
29歲：路透社最年輕的部長。
30歲：路透社最年輕的經理。
30歲：修完卡內基美隆大學MBA課程（公司派遣）。

32歲：修完青山學院大學研究所MBA課程。
32歲：東京大學研究所博士後期課程筆試及格。
33歲：發表日本經濟分析學會查讀論文：《通貨緊縮下的企業戰略》。
34歲：東證新興企業市場掛牌企業（新華金融）日本法人社長。
34歲：發表海外學會查讀論文。
35歲：創立中小企業。
38歲：東證二部掛牌企業社長。
39歲：哈佛大學經營研究所AMP及格。
現今：Fate股份有限公司社長。

有些事，趁年輕就要趕快體驗

「人生只有一次」，大家應該都聽過這句耳熟能詳的話。一輩子在一家公司打拚，這樣的人生也不錯，但是，我想在僅此一次的人生裡，盡可能體驗各種事情。

不光只是服務於某家公司、當個受薪階級，我還想自行創業，並親自經營一家公司。於是，為了滿足求知欲，我以東京大學研究所為目標，努力唸書，因為我想拿到該校的博士學位。

順道一提，在我39歲那年考上哈佛大學商學院「AMP」。「AMP」是「Advanced Management Program」的簡稱，它被譽為「世界最強的商業課程」、「培養頂尖企業經營者的課程」。相較於MBA要在2年內學習600件個案，AMP卻要在短短2個月內去學習250件個案！透過這番數據比較，大家應該可以瞭解到AMP的嚴苛程度。

我想做的事情這麼多，從早上起床到晚上入睡，若不馬不停蹄地持續工作，根本來不及。面對麻煩的工作，如果抱著「這個明天再做就可以」的心態，是絕對行不通的，因為沒時間把工作往後延。

如果能在最短時間內達成目標，或創下「最年輕就……」的記錄，代表你能趁年輕時有更多的體驗。這個想法驅使我不斷往前，在不知不覺中，**以其他人3倍的效率，做2倍的工作，換句話說，就是用「3×2=6」的「6倍速」工作術。**

◉找到「崇拜的對象」，立志超越他！

我很尊敬日產社長兼CEO的卡洛斯・高恩（Carlos Ghosn），他是一個非常值得學習的典範。

卡洛斯在20歲時進入法國國立理工大學就讀，該校走「培育菁英」的路線，是非常優秀的學校；24歲時，從最頂尖的國立高等礦業學校畢業，取得工學院學位。進入公司的第3年，也就是他27歲時，成為米其林工廠的廠長，31歲時，他成為巴西米其林社長，35歲就任北美米其林社長、CEO。在卡洛斯42歲那年，他進入雷諾汽車擔任副社長，進而在45歲時，接下日產社長一職。

卡洛斯・高恩為了讓日產的業績從谷底回升，曾大刀闊斧地裁員，當時的說法是為了「降低成本」，讓人覺得未免太冷酷無情。但他讓Faihady（日產生產的跑車）重新復活，更懂得激勵員工士氣。東日本大地震發生後，他在第一時間趕往福島縣磐城市的工廠訪問，其實是位非常重視生產第一線、又很有人情味的經營者。

我告訴自己，在43歲之前，我要成為一位超越卡洛斯・高恩的社長！儘管跟世界頂尖的經營者相比，我的資歷還差得很遠，但我會繼續努力。

◉不是超人，也能用「6倍速」工作

本書內容是我截至目前為止，從人生歷練所歸納出通往成功的60個提示。即使你最終的目標，不是像我一樣「在40歲以前當上經營者」，**但如果想在40歲之後享受人生的下半場，我的建議是：「以6倍速工作」**。

6倍速絕非不可能實現的夢想，更不是只有超人才能辦得到。我敢篤定地說，**你每天必做的工作項目裡，包括許多反覆、類似的作業**，例如會議、商業談判、進行新企劃案、準備報告或簡報資料等，這些工作時間，絕對可以大幅縮短。

如果是業務員，除了在外奔波，還有整理發票等庶務性工作，就算每天行程不盡相同，該做的事大致是固定的。既然如此，身為專業的商務人士，理當以更高的效率和速度來完成這些工作。

◉以6倍速前進，最好趁早開始

20、30幾歲的年輕人，可能體悟還不夠深刻，不認為有必要這麼拚命。但相信我，

提示1

人生比我們想像的還要短，想成功，就要先做「麻煩的工作」。

如果想以6倍速為目標，最好儘早開始。試想：如果這輩子只有80年，20、30幾歲的你，已經準備通過人生的折返點。

20幾歲的時候，總認為40歲離自己還很遠，事實上一轉眼時間就過去了！想要做的事情、想接受的挑戰還有那麼多。如今回顧過往，一定會感慨「早知道應該從20幾歲就努力工作」。

到現在這個年紀，對自己一事無成而感到焦慮，事實上，一切都已經太晚了！一直以來，我竭盡所能面對任何工作，累積經驗，讓自己變得更自信——我認為這樣的工作態度，是自己輕而易舉度過40歲以上熟練期的原動力。

準備 2

工作再穩定，也不能只求「維持現狀」

２０１２年，日本經營協會針對踏入社會第3年的上班族，進行一項問卷調查。結果發現，有4成的人對於升遷完全不感興趣。許多30幾歲的受訪者表示，不打算晉升到管理階層，顯然出人頭地已不是上班族絕對的奮鬥目標。

當我聽到這樣的結果，不禁思考：工作的目的到底是什麼？如果不打算在現今服務的公司更上一層樓，那麼這些人追求的又是什麼？的確，即使在本土企業裡出人頭地，也不可能像在外商公司領到那麼高額的薪水。日本上市企業的社長，其平均薪水和相同規模的歐美企業相比，大約只有十分之一，簡直少得可憐。

如果在日本的薪水是6千萬日元，那麼在歐美企業服務，相同職位就可領到6億日元。肩負公司所有責任的社長，卻只獲得這樣的酬勞，難怪現在的上班族對於爭取高位顯得意興闌珊。然而，就目前的職場來看，是不允許你「維持現狀」就好。

◉「差不多就好」，讓你的人生「差很多」

做著還過得去的工作，領著馬馬虎虎的薪水——如果有人抱著這種想法，我只能說他還沒看清現實，無論哪一家企業，都不會養「不事生產」的員工。

任何業界都受景氣左右，昔日被視為日本最具代表性的家電產業，如今也搖搖欲墜。即使是全球汽車業界的銷售冠軍豐田汽車，3年前在美國發生了大規模的召回事件，導致豐田的股價短短一星期就下跌20％。而今股價上下震盪，**沒有一個業界是絕對安全、穩定的。**

◉別傻了，天下沒有不沉的船

渴望維持現狀的人，等於完全依附公司，一旦開始有這種心態，終將會被淘汰。當「公司」這艘船開始下沉，想逃卻逃不出來，或是連逃都不打算逃——像這種上班族，在老字號的傳統產業裡為數不少。這些人認為「公司不會倒閉」，而過於安逸，但事實上，沒有人能保證眼前的景況能永遠不變。等到公司倒閉之後，才想尋找新工作，恐怕更加的困難。

在公司裡，為了升遷打拚，就算盡力了，也才好不容易維持現狀，我想這才是現實面——朝著上位而努力，不想做的工作也非做不可；指導下屬，卻搞到自己胃痛，因為一旦不見成效，所有的責任都落在自己頭上……。既然選擇了這條路，只好辛苦地往上爬，如果不這麼做的話，恐怕在不久的將來，會成為企業裁員的對象。

我曾經在大企業工作過，非常瞭解企業想要選用怎樣的人才。只求穩定、維持現狀的人，對工作毫不積極。我不會對這樣的員工有所期待，當他被公司優先淘汰時，我也愛莫能助。

◉一個口令一個動作，別想出人頭地

那麼，怎樣的人才能出人頭地？這個問題的答案非常簡單——不會只做主管交辦事項的人，才能成功。

如果只做主管交辦的工作，這種人是不會成功的。相反地，如果主管只交代2件事，卻懂得舉一反三，主動多做其他事的人，才會贏得主管的認可。因此，**工作速度比**

別人更快，才能做更多的工作、學更多的本領。如果是那種永遠等待主管一個口令，一個動作的人，就另當別論了。

所謂「出人頭地」，不是為了贏得好聽的頭銜。頭銜並非你追求的目標，實際的成績才是。若沒有出色的成績，一旦船身開始傾斜（公司出現狀況），將無法快速移到其他安全的船隻上（跳槽去其他穩定的好公司）。每一艘船都想要優秀的船員，想要在年輕時就有出色的成績，擁有「被選中的籌碼」，最好的方式，是習慣用6倍速工作。

有本事換船，更要學本事造船

此外，等你累積足夠的實力後，甚至可以打造自己的船隻：也就是自行創業，設立自己的公司。

眾所周知，年過40後還想轉換跑道，是非常困難的。當想要離開現在的公司，卻找不到新工作，在沒有其他選項之下，考慮自己創業的人越來越多。但是，**想創業，必須學習當一個經營者**，**或者要有相關經驗才行**，長期以來都是「聽口令做動作」的人，即使自行創業，也會很快就會面臨瓶頸。

工作期間，你在職場裡要學的，不是如何成為一名好員工而已。當今時代，我認為20歲或30歲的上班族，**一定要抱持「總有一天會自立門戶」的想法，努力學會所有的大小事**。當意想不到的狀況發生時，才能保護自己不被淘汰。

提示 2

「被選中的人才」，通常會是那些懂得舉一反三、主動的人。

準備3

結合「喜歡的工作」和「擅長的工作」

在我心目中，工作只有兩種——**一種是自己喜歡的工作，另一種是自己擅長的工作。唯有這兩種工作，才能夠持續做下去。**

舉例而言，不擅長與人交談的人，就算當了業務員，無論再怎麼努力卻始終拿不到訂單。如此一來，工作只會對他造成壓力，對公司來說等於浪費工資，雙方都沒好處。

亞洲國家很愛把「忍耐」當作優點，經常聽到「不無聊哪叫工作」、「做自己喜歡的工作，世上沒有這麼美好的事」等論調。

如同我先前所說，人生僅此一次。**如果生命裡半數時間，得從事自己毫無興趣的工作，你的人生到底是為誰而活？**

◉愛名牌≠能到LV當會計

我常有機會對學生演講，不時有人提出：「不知道自己想從事什麼工作」、「不曉得自己適合哪一種職業」這類問題。這時，我會先試著問對方，「妳喜歡什麼？」，得到的回答是：「我喜歡名牌包，尤其是LV！」

「如果妳進入LV這間公司上班，被分配到會計工作，妳覺得怎麼樣？」

「呃……我對數字很頭痛，寧可做業務工作。」

「若妳無法選擇工作部門呢？這麼一來，妳認為自己有辦法一直做下去嗎？」

「大概沒辦法吧！」

「為什麼妳覺得業務工作比較好？」

「因為我喜歡和形形色色的人聊天。」

「這樣的話，如果去保險公司或公關公司，每天都能遇到各式各樣的人並和他們交談喔。從事自己喜歡或是擅長的事，才能用滿足的心情，繼續每天的工作。」

透過這樣的對話，學生們可以看清楚自己應該選擇什麼樣的工作。

◉別以為進了知名企業，就萬事OK

在國內，學生畢業找工作，優先重視的不是自己想從事什麼行業，而是設法躋身知名大企業。因為選擇的並非自己有興趣的工作，才會覺得無法勝任，也感受不到工作的價值，甚至痛苦萬分。正在閱讀本書的讀者中，應該有不少人有相同的遭遇。自己喜歡什麼、擅長什麼，如果在學生階段還弄不清楚，至少在進入社會、有幾年工作經驗後，總該會發現。如果明確知道方向，可做為轉換跑道的判斷基準。

◉討厭的工作，就算速度快也做不好

即使從事喜歡的工作，照樣可能遇到問題或瓶頸。**想克服工作上的難關，得仰賴喜愛這份工作的心情，進一步產生動力，而這份動力將加快工作的速度。**

無論多麼努力，要以6倍速從事討厭的工作或不適合的職業，是非常困難的。抱著厭惡的心情工作，速度只會變慢。有些人總能找到每項工作的樂趣，要到達這樣的境界，我認為絕非易事。

如果現在的工作令你感到痛苦，何不把眼光放在未來的自己？**想像在未來可能自立門戶的自己，想像自己轉換跑道、正在做著真正喜歡的工作，**朝著這個目標邁進，肯定能產生支持你前進的動力。

提示3

工作速度加快，通常是在做「喜歡」或「擅長」的工作時。

準備 4

35歲後不會升職，就該換公司了

幾年前，「35歲問題」曾引發日本社會輿論界的熱烈討論。現在的35歲年收，比起10年前的200萬日元還要少；在35歲時，不僅很難加薪，和從前比起來，生涯薪資減少了3成……。

引發「35歲問題」的最主要因素，在於泡沫經濟時代進入公司的40幾歲員工相當多，因此職務很難往上調動。如果35歲就達到職業生涯的頂點，恐怕上班族很難對工作懷抱理想和目標。況且，退休年齡往後延，距離領退休金的時間還很遙遠，退休後過著悠閒自在的生活，簡直是遙不可及的夢想。

◉ 坐領高薪的主管，要小心了

老實說，我認為**沒有升遷職位的企業，等於沒有未來。主管的職缺完全被佔據，而**

且幾乎沒有流動性，這就是企業「無力開創新事業、缺乏新陳代謝力」的最明顯證據。

企業應該不斷地開發新商品、進軍海外市場，若不能持續有新動作，只會持續地衰退。

如果我是這種企業的經營者，我會一口氣將所有管理階層的員工統統裁掉！因為他們不但無法提高企業獲利，還坐領高薪，就報酬率來看，我必須這麼做，然後讓年輕世代接任管理職，才有希望打造出能與世界其他品牌競爭的企業。

◉企業沒新陳代謝力，終將被淘汰

或許有人認為，日本企業無法這麼做。但是夏普業績惡化，傳出將與台灣企業鴻海合作。與其說是雙方業務上的合作，實際上就是被併購。如果這項消息成真，夏普所有管理職的幹部，恐怕飯碗不保，只留下生產線上的優秀人才。（編註：至2013年底，鴻海與夏普的合作計畫已破局。）

今後類似的事情將會越來越多，**沒有新陳代謝力的企業，終將難逃被淘汰的命運。**

我認識一位獵人頭公司的職員，他說：「我們負責調度整個業界的人事。」舉例來說，進入汽車業界的龍頭豐田汽車工作、卻難以伸展抱負的人，或許到了日產或馬自達，自己的實力能獲得肯定，在工作上有了成果。就整體產業來看，減少人才的浪費，確實有助於產業的發展，這正是獵人頭公司的貢獻。

我認為每個人都應該有以下的想法——**如果自己不被現在的職場所需要，那就無須在這裡工作到退休；如果該企業沒有未來，就沒有一直待下去的意義。**

別擔心，全球有數百萬家公司，**在世界上的某個地方，肯定有需要你的企業，而你一定要找到這樣的企業；**就算不能立刻找到，也要把這個想法納入未來轉換跑道的視野裡。為了找到需要自己、也適合自己的公司，你一定要在專業領域上有所表現。

◉ 學會「到哪都適用」的本領

我最近發現，便利商店店員會做的事情非常多，就算店長不在，店內的運作也沒問題。專業的便利商店店員不只負責了賣場商品的管理，還要負責商品的訂購；此外，除了商品和食品的銷售，還要負責公共費用的繳款轉帳和宅急便的安排、票券的販售等，業務內容相當龐雜，處理方式也完全不同。學會這些工作的店員，即使到其他便利商店工作也能有所發揮。

如同便利商店店員一樣，上班族也要學會「到哪個企業都能適用」的技術。應該要有成為「某某專家」的決心，吸收相關的知識和技術。

很多上班族無法從現在職務感受到工作價值，或認為自己入錯行，對公司有諸多的不滿與牢騷。現在的時代，已經不允許你一邊發牢騷、一邊馬馬虎虎混日子了，**完全學會職場上該習得的工作技術，尋找自己擅長的領域，朝下個舞台邁進。唯有這樣，才能在競爭激烈的就業市場裡存活下來。**

提示4

以6倍的速度，把職場上該會的技能完全學會。

準備 5

人脈和專業，是競爭的最佳籌碼

在311大地震發生之前，日本的景氣一直不佳，甚至有人認為日本恐怕要像希臘一樣，面臨國家財務破產的危機。儘管如此，不少人仍一副隔岸觀火、事不關己的態度，更多人自我催眠：「國家不會有問題。」

路透社專門負責傳遞全球資訊，當時我同時身兼日本和韓國的營業部長，因此參與了路透社的亞洲經營策略規劃。

那時我曾多次前往韓國，目睹了這個國家崩壞的過程；這讓我瞭解到，就算是一個「國家」，也不代表人民可以永遠依靠。

公司、國家都可能會倒！

1997年亞洲金融危機爆發，韓元兌換美元從原先1美元兌換800韓元，暴跌到1

美元兌換2千韓元；日元也從1美元兌換80日元，跌到1美元兌換200日元，幣值跌到一半以下。

韓國接受國際貨幣基金（IMF）的資金援助，同時接受了多項條件。比方說，外國人投資韓國股市的限度，從現行的26%提高到55%；另外，也允許外國人對韓國國內金融機構進行合併或收購。換句話說，就是把韓國的金融市場讓給了外國人。

當年到韓國去的時候，速食店裡販售著「IMF漢堡」，售價約90日元，還有超便宜的「IMF西裝」。任何商品都冠上「IMF」這個字，國民的節約意識從這裡可以看出端倪，整個韓國彷彿被IMF佔領似的，眾多商品和服務都加上了「IMF」這個大字。

由於企業無法從銀行調度周轉資金，只好發行短期的公司債，但利息竟然高達60%，最終因無力償還而倒閉的企業不在少數。

韓國接受IMF的援助後，經濟逐漸好轉，但這是受到歐美企業或三星等部分財閥企業的恩澤所致，至今還有許多民眾找不到工作，過著貧窮的生活。其實，就算貴為三星電子，仍有將近一半的股權落在外資手上，實際上已經是一間美國企業。

◉用外語和專業知識備戰

有人認為，日本一旦參加TPP（太平洋戰略經濟夥伴關係協議），可能會步上韓國的後塵。

但全球化時代的來臨，任何國家都不可能獨善其身不參與。我認為唯有負責的官員們，發揮談判能力，讓談判內容對自己的國家和社會有利，我們才能在國際社會佔有一席之地。

因此，「外語能力」會是面對這波衝擊的必要武器，對專業知識的需求，將會比現在更為重要。

「溫水煮青蛙」這句話，我們經常聽到。把青蛙放進滾燙的熱水中，牠肯定會嚇得立刻跳出熱鍋，只受到輕微的燙傷。但如果把青蛙放進冷水中，然後開火慢慢加熱，青蛙完全不會發覺自己正在被煮熟，最後將一命嗚呼。

◉不只有能力，還要有人脈

就我看來，國人就像是溫水煮青蛙。**現在已不是習慣舊有組織、安逸過日子的時代，若不盡快逃離眼前的環境，或做好逃離的準備，最後終將來不及逃走。**

為做好逃離現況的準備，盡可能在公司外建立人脈、多結識一些人，才有機會認識比自己更高端的人！這些人脈說不定會告訴你：「我知道有家公司很適合你」，而替你牽線介紹。機會如果不靠自己尋找，是不會出現在眼前的。

提示 5

增加自己的人脈，建立跳槽的本錢。

準備6

速度，就是個人的武器

大企業不一定是最強的，重視速度的公司才是。（Big company is necessarily strong but fast company is always strong）這句話出自於美國一位企業CEO，是我最喜歡的一句話。如果將這句話運用在個人的能力上，**速度就是個人的武器**。

舉例而言，如果要跑100公尺，任何人都會全力往終點衝刺。職場上亦如此，要在最短的時間內看到結果，每個人都應該全力以赴。以最快速為目標，發揮最佳實力，這就是我的觀點。

◉別讓「草率」掩蓋了你的光芒

但是，一旦顧著追求速度，工作很容易變得草率。當我還是個公司新人時，曾因為這樣而被主管責備。

我剛進入第一家企業，也就是湯姆森金融公司時，老闆突然丟來一本大約100頁的書籍，並對我說：「石塚，3天內把這本書翻譯完！」這是我在湯姆森金融公司被交辦的第一件工作。

「可是……無論我速度多快，3天根本沒辦法完成。」

「把星期六、日算進去就有5天，時間應該很寬裕。」

於是我犧牲六、日假期，拚命地譯完整本書交給老闆。「喔，完成啦！」老闆一開始非常開心，就在他翻閱我的資料時，臉色突然一沉。「這是什麼？你的文章都是直譯。這種東西完全不行，拿回去重做。」「不只如此，內容還有許多錯字和漏字，翻譯完之後你有重新看過嗎？」老闆繼續質問。

「我沒有重新看過。」我老實回答，然後被狠狠地罵了一頓。

從那次事件之後，對於交派下來的工作，我總是提早在期限前完成。我相信，一旦工作速度變快，對大家都有利。老闆的確很欣賞我工作速度快這點，但是……

「你做事比任何人都快，可惜正確性只有8成。其實在這麼短的時間內能達到8成，已經很了不起，但那些比你多花2倍的時間、正確率100%的同事，才是真正把事情做好的人。你再多花點時間，肯定能達到100%的水準，我相信你一定能夠辦到。」

被老闆這麼一說，我終於了解：光有速度是不夠的。此後我意識到，**工作不能只追求速度，還要追求正確性。**

◉「單打獨鬥」或「團隊合作」都得學

以登山為例，如果是一個人去，可以依照自己的步調，速度也會加快，同時也能走自己喜歡的路線，一個人挑戰難關的成就感相當大。然而，如果組成登山隊伍，需要建立露營基地、彼此溝通以確保登山安全，也無法率性走你喜歡的路線；如果途中有隊員身體出現狀況，還得遷就該員的情況來行動。

我沒打算評斷哪一種方式較好或較壞，**商場上，單打獨鬥和團隊合作這兩種情況都存在**。以最快速度完成自己所負責的工作，如果個人部分已經達到8成，其他隊友就得填滿欠缺的2成；如果顧慮身邊的隊友，完成度就不能如此馬虎。

◉不斷挑戰自己的「速度」和「完成度」

當我成為主管之後，即使下屬回報的工作，完成度已達8成，我也會裝做不知道，立刻要他重做，直到100%正確無誤。有時，下屬雖然做到了100%，但內容有部分與我的要求不符，或是漏掉了重要資訊，僅僅是形式上達成100%——因為之後還得花時間進行修正。

以最快的速度，將工作完成80%，**先提出給主管確認，還有機會可以修正內容**，我認為這是在最短時間內，讓完成度最高的做法。而在反覆的過程中，只要修正一次，工作成效就能大幅提高。不過，如果你要採用這種方法，得先確定你的主管接不接受。

如果你的主管不是像我這種人，最好還是一開始就把工作做到100%。初期可能會多花點時間，但很快地，你就能在最短時間內，毫無瑕疵地完成工作。更重要的是，**別滿足於現在的速度，你要讓自己在每次工作，速度都比前一次來得快**。

提示 6

將「100%正確、最快速」視為工作目標。

準備7

「做不到」，是因為用錯方法

我經常對下屬說：「最會唸書的人、最會做事的人，一定是職業摔角選手。」聽到我這麼說的下屬總是一臉狐疑，甚至反問：「怎麼說？」

◉反覆練習，沒有學不會的事

會做事、不會做事，這不是個人的能力問題，最終關鍵是「體力問題」。

會做事和不會做事，這兩者的區分方式，自古已經標準化。**不會做事的人就像被貼上「無能」的標籤、打上烙印，但我覺得，這種人純粹只是「努力不夠」，或是努力方法錯誤罷了。**

就如同學習曲線（learning curve）所表示的學習過程，當產量或作業量增加時，製造方法或想法的經驗值會跟著累積，這將有助於提高作業或思考效率。

在剛開始接觸新工作時，任何人都會花上一點時間適應，而且常常是不順利的。但在完成第2次、第3次時，作業速度慢慢提高了，精準度也增加不少。聰明的人可能學幾次後就會了，怎麼也學不會的人，只要讓他反覆練習數十次、數百次，絕對學得會。

之所以學不會，說穿了，不過是反覆練習的次數不足；如果怎麼學還是學不會，多半就是用錯了方法。檢討原本的舊方法重新再學，肯定能找出正確的新方法，並且學會。

既然如此，擁有足夠的體力，能夠重複學習幾十次、幾百次的人，肯定是會做事的人——依照上述論點，職業摔角選手擁有最強的實力。

◉ 1萬小時法則，誰都能當專家

美國史學作家麥爾坎・葛拉威爾（Malcolm Gladwell）曾經寫過一本書，他認為運動選手、音樂家、小說家等，這些需要具備特殊才能的職業，需花上1萬個小時的訓練時間，他們的才能最終得以開花結果，這就是所謂的「1萬小時法則」。

我覺得各行各業都符合這個法則，**無論學習哪一門技術，只要肯花1萬個小時訓練，任何人都可以成為專家。**換算1萬個小時，如果平日每天以4小時訓練，大約要花

9年7個月，也就是將近10年的光陰；如果連星期六、日也同樣花4小時訓練，可縮短為6年10個月；如果每天花8小時，只要3年5個月就能學成。

那麼平日裡，每天工作8小時的你，到底學會了多少本領？

或許有人會說，在公司裡的時間有限，要忙的事情那麼多，根本無法專注在一件工作上。關於這個現象，每個行業也都一樣。以音樂家為例，得在演奏會上表演好幾條曲目，如果其中一首彈得不好，會降低整場演奏會的水準，因此得讓所有曲目都達到最完美的狀態。相較於這樣的辛苦和緊迫，上班族顯然輕鬆多了，因為職場裡可以獨力完成的任務不多，大多數需要團隊合作。

◉你願意投資自己1萬個小時嗎？

會抱怨「工作太多、連日熬夜趕工」的人，都是時間管理方法不當。30分鐘可以結束的工作，拖拖拉拉花了3個小時才完成，如此一來，主管無法再交辦其他任務，只好把工作交付給動作快又確實把工作完成的下屬，這時在主管眼中，誰是「能幹的員工」呢？答案很清楚了。

如果想成為優秀的職場高手，只要花1萬個小時訓練，工作速度就會比別人快速。至於能不能擠出這樣的訓練時間，端看個人是否真有決心，而這也會決定你的將來。

提示7

會不會做事，問題不在於能力，最終在於體力；訓練1萬個小時，任何人都是專家。

準備 8

年輕時，別讓自己過得太輕鬆

在公司上班的時候，工作時間從早上9點半到傍晚6點半，午休時間1小時，所以每天的正常工時是8小時。

30歲前，我比別人多花2倍時間工作

我每天早上6點半左右起床後，就先在家裡開始回信給客戶，通常在開始上班之前，這種自己能做完的工作，就已經處理得差不多了。下班後，我會留在公司工作，過了午夜12點後，我會和海外市場的負責人通電話，瞭解業務狀況。

因為時差關係，有時對方那裡是早上，而這裡是晚間11點，但我還是得參與電話會議。通常會議結束時，已超過午夜，到家時約凌晨1點。換句話說，當時我每天工作16小時。

這就是我所說的，用3倍的速度做2倍的工作，也就是6倍速工作術的起源。

◉ 30歲前加倍工作，50歲後輕鬆度日

一般人最多只能做到「花2倍的工作時間」，根本不可能做「比別人多6倍的工作」，如果認為「花2倍時間工作」是不可能的人，不需要再繼續看下去了，或許，只要類似《不加班的工作術》這種書，對他們就已經足夠。

這輩子每天搭著最後一班電車回家，過這樣的人生，這絕不是我想要告訴大家的目的。我想說的是，**在人生的某個階段，比其他人加倍地工作，50歲之後才有可能輕鬆度日。大家應該趁著年輕時，採取更有效率的工作方法。**

◉ 50歲後，你想過什麼樣的生活？

歐美的職場菁英，在工作時總以旺盛的精力面對嚴苛考驗，大約到了50歲左右就退出第一線，享受自己的人生。

2012年4月，索尼（Sony）的社長平井一夫就任時，外界認為索尼將重生而備受媒體關注，因為平井那年52歲；相對地，美國微軟的比爾蓋茲在50歲時，就已經從第一線退下了。（編註：2014年2月，索尼宣布停產個人電腦，年度淨損預估至3月

底將達1千1百億日元。）

至今還認為50歲算是「年輕」的日本，這一點和美國相比，顯然落後了好幾拍。

40歲後，過屬於自己的人生

「年功序列制度」仍是日本企業的主流，這個制度的特色是：只要在企業待得越久，薪水就會越多。在這種潮流下，想要像歐美那樣50歲就退休，的確很困難。

每天準時上下班，在上班時間有一搭沒一搭的工作，直到自己60、65歲退休——這樣的人生真的有意義嗎？在那麼長的歲月裡，不過扮演著企業的一顆小螺絲釘。既然如此，倒不如把握20幾歲有體力、反應快的這段時間努力工作、儲存資金，到了40歲時自立門戶，這樣的人生才真正屬於自己。創業之後到事業步上軌道前，雖然會很辛苦，但等到50歲以後，就能把已有小成的事業交棒給後繼者，每天過著怡然自得的生活。

即使不創業，至少要提早成功

為了40歲後能過屬於自己的人生，必須要以6倍速工作，即使不考慮創業的人亦是如此。**效率勝過其他人，自然能較快達成目標；換言之，只花別人一半的時間，就能見到成效。**

我要再次強調：在職場上，「速度」就是最好的武器。做相同的工作，以相同的時間和速度完成，沒有任何特殊表現的員工，在未來終將會被淘汰。將相同工作以3倍效率完成的員工，等於一個人做3人份的工作，當企業經營出現危機、或是公司要決定晉升人選時，只有這種員工才可能脫穎而出。節省成本、能對獲利有所貢獻的員工，這種人才是企業所渴望的。

為了讓自己成為企業求才若渴的對象，自然得具備一人當三人用的能力。下個章節中，我要開始介紹6倍速工作的技巧，肯定會對大家有所助益。

提示8

對上班族而言，「速度」就是武器。

第 2 章

12 個工作技巧，讓你大翻身

技巧 1

不懂的事，請教最懂的人

我曾經在湯姆森金融公司、日本路透社等外商企業工作。我在每個公司學到了所有的業務工作，當然，我不是一開始就很厲害，每當變換工作部門或是轉到一個新環境，我還是得從頭開始學習。

◉別氣餒，誰都當過新人

我自美國西北大學畢業之後，人生的第一份工作是在湯姆森金融公司，那是一家從事全球資訊服務的企業。

新人的研習時間，每家企業都不盡相同，之後的在職培訓（OJT，On the Job Traning）則採用一位資深職員指導一位新人的方式——這是大多數企業的做法，教導的內容包括接聽電話的應對進退、社交禮儀等工作細節。等新人在某種程度已經可以獨當一面時，就會被派到營業第一線。

◉沒經驗，上場就是等著被打槍

接受為期2週的新訓課程後，我被分配到資料部門，突然獨自被外放到第一線，我完全沒學過身為社會人士該具備的相關應對。為了將資料服務系統賣給證券公司和銀行，我必須對客戶進行商品解說。

當時我剛回到日本不久，公寓的窗簾沒時間買、洗衣機也沒著落，工作讓我忙到根本沒有私人時間。剛進公司不到1個月，老闆就要我前往高盛集團（Goldman Search）、摩根史坦利（Morgan Stanley）等全球知名大企業推銷商品！主管無視我的疑惑：「你已經大學畢業兩年了，應該有這個能力，你就去吧！」

還是新人的我，別說對商品的說明，就連專業知識恐怕還不如顧客。「看來你什麼都不知道，請更高階層的人來吧！」被顧客這麼一說，我無從反駁，好幾次都因為回答不出顧客的問題，只好沉默不語。如今回想起來，嚇得冒冷汗的經驗，多到數不清。

◉對誰都能彎腰，請教「最懂」的人

沒經過完整訓練，才開始工作就被推上第一線，像這種狀況該怎麼辦？如何才能最快學會基本的工作技巧？

我的辦法是「請教最懂的人」，這是個非常簡單的做法。舉例來說，在同一個部門工作的同事當中，有人精通某個領域，有的人並非如此。就算你是新進員工，在一旁看久了自然會瞭解。**請教不懂的人只是浪費時間，聰明的做法是找出最懂的人，然後不恥下問。**

◉如果還是不夠，那就對顧客低頭吧！

「我還是新人，所以不是很清楚，請您告訴我。」、「真的很抱歉，搞不清楚內容，還請您不吝指教。」像這樣坦白地低頭拜託、求教，就算原本不耐煩的顧客也會產生「同情心」，認為你有心學習而出手相助。

我想，就因我在新人時期，願意請教他人，所以才有今天的自己。要是因為莫名的自尊心而不願低頭求教，或擔心出言拜託會對忙碌的主管或顧客造成困擾，不僅無法完成自己的工作，還會為其他人帶來困擾！別顧慮太多，不懂的事情，就該主動發問！

提示 9

對於自己不懂的事，最好請教那個領域裡最精通的人。

技巧 2

向人請益，千萬別忘記禮貌

我在湯姆森金融公司上班時，主要負責企業收購、資金調度、股票或債券的發行資訊等業務。轉換到路透社時，被分配到即時外匯市場，負責與衍生性金融商品相關的資訊和分析。

因為經手衍生性金融商品，基本上我對於換匯交易、利息交換等基礎知識，有相當的瞭解，但沒有實際經驗。因為這屬於金融工學的領域，有許多複雜的算式，是一份要花很多時間才能學會相關知識的工作。

◉順利找出指點自己的貴人

獨自在黑暗中摸索的確效率不彰，最快的方法是請教最懂的人。當時，我發現有位曾經在花旗銀行負責外匯工作的同事，是個非常喜歡照顧後進的人，所以決定向他請益。

這位前輩甚至拿出自己替經手過的案件所做的筆記，為我仔細解說：「這個交易狀況是這樣……，但應該那麼做比較好。」

不僅如此，他有時還會主動把好書借我：「石塚，這本書值得一看。」或是將他認為值得一讀的書，列出清單，讓我省去選擇的步驟。

聽前輩的指教，勝過獨自摸索

日本企業不喜歡新人東問西問，主管常會叫你：「自己想想看。」職場上的禮儀，只要看書就能學得會，但還有許多臨場狀況，書上根本不會寫出來。

例如，當你不知道系統的操作方式，如果想靠自己的力量解決，首先得找出手冊放在哪裡；看過手冊說明後再動手操作，在反覆操作過程中理解要領……，這些程序是必要的。而上述的一連串動作，若是直接請教資深同事，很快就能掌握解決問題的「要領」，直接掌握最後的重點。

◉要對別人的「不藏私」表示感激

當我還是新人時，只要有不懂的地方就問人，我認為這是最快學會的鐵律。不過要留意，**相同的問題別一問再問，否則很快就沒人肯理你；請教別人時，最好要做筆記，對於佔用他人時間，也別視為理所當然，仔細聆聽前輩或同事的解說**。

基本上，每個人都願意教導別人。「教導」這件事能獲得他人尊敬，也代表自己的能力受到肯定，無論是誰，都喜歡被問問題。相對地，當別人願意傳授知識或經驗給你時，你應該表現出尊敬並專心傾聽，展現出「發問的禮貌」，對方就會願意伸出援手。

即使對方傳授的方式與自己的想法不同，由於是他人的經驗談，還是有一聽的價值。別忘了對他人的不藏私表示感謝，這種謙卑態度會讓對方樂意教你更多。

◉拋開自尊心，學得更快、更多

俗話說：「問是一時之恥，不問是一生之恥。」開口詢問自己所不懂的事，確實是一種傷害自尊的行為。通常新人都會困於無謂的自尊，或是初來乍到的害羞陌生，就算自己不懂，也不願開口提問，寧可花更多時間搞懂做事的方法。

新進員工最重要的工作，不是趕著表現，而是「拋棄自尊心」，彎腰求教，問得愈多，就學得愈多。

提示 10

「自尊」不會讓你學到東西，丟掉它。

技巧 3

挑剔的奧客，是最好的老師

當我還是新人的時候，有一回在大熱天出門拜訪客戶，正當我講得口沫橫飛、喘口氣擦汗時，客戶卻問我：「石塚先生，要不要來杯熱可樂啊？」因為我費盡唇舌，卻無法回答出提案中的專業知識，於是客戶忍不住出言挖苦。

◉提醒自己：煩惱和壓力不值一提

顧客認為我是個可以獨當一面的業務員，我將事前主管告訴我的內容照本宣科地告訴顧客：「使用了這套資訊系統後，就能知道該公司何時發行債券，以及何時償還，貴公司就能從中挖掘客戶。」

但是，我對於系統中有關專門知識的問題，卻完全回答不出來，很快地就被趕出辦公室。

「你是來幹嘛的？」、「回去多念點書再來！」，這種傷人的刻薄話，我在新人時期聽過無數遍。當我感到壓力很大時，就會去一趟靖國神社。我的叔叔是二戰時的神風特攻隊隊員，和他一比，我覺得自己的煩惱和壓力，簡直非常渺小，根本不值一提。

就算挨罵，也要親自接電話

外出跑業務老是挨顧客的罵，在公司接電話也同樣被電話那頭的顧客大聲斥責。沒有人喜歡接到這樣的電話，**但我認為要是請在場其他同事代接，就表示自己輸了**，所以我壓下膽怯的心情，自己接起電話。

即使顧客不耐煩的說：「石塚，你到底在講什麼東西啊！根本不是那樣的吧？」我還是會懇切地問對方：「不好意思，這個部分我不是很懂，請問應該是……的嗎？」就這樣，**我的許多本領，幾乎都從顧客那邊學到的**。

發現沒？顧客罵的事其實差不多

想在最短的時間內學會工作，最快的方法是請教最懂的人，**第二快的方法是來自於**

被顧客責罵的經驗。因為任何人只要被罵過一次就會記得，而且**比起主管開罵，來自顧客的責備更令人記憶深刻**。

遭到顧客責備，我當然覺得很懊悔，但仍抱持著「下次去的時候，一定要能完全回答顧客的問題」這樣的信念，努力學習自己不懂的部分；然後下次去拜訪客戶時，又是一頓罵。

慢慢地我發現，其實每位顧客提的問題都大同小異，我也逐漸瞭解到事前該如何準備。我大約花了半年的時間才完全步上軌道，這是一份花體力的工作。學習工作技巧，要靠身體的記憶，不然永遠不會成為「自己的東西」。

挨罵時，要想著「不再被罵」的方法

在廚師的世界裡，剛開始當學徒時，三天兩頭挨師傅的罵，有時免不了皮肉之苦，唯有克服嚴苛的學徒生涯，才能往上跨到另一個階段。

師傅們會如此嚴格，不是因為他們個性不好，而是因為在料理食物的過程中，只要一個步驟出錯，就可能引發食物中毒，這是一份必須保持警覺心和緊張感才能勝任的工作。更何況，只要讓顧客吃到一次難吃的食物，他們就不會再上門，這攸關餐廳的信譽。

這些基本技術必須熟練到不用思考，身體就自然而然地動作。為什麼需要熟練到這種地步呢？廚師每天要在最短時間內，提供許多顧客相同的餐點。等到基本工學會、並嫻熟之後，再進一步考慮技術的運用和鑽研。

職場上也是如此，**在挨罵的過程中，你會開始思考：該怎麼做才不會繼續挨罵？換句話說，就是懂得自主性思考。**

◉ 犯錯沒關係，同樣的錯別犯第二次

與其一開始要別人給你答案，倒不如自己體驗失敗，從中找到答案，這樣才算是真正學會。說穿了，**新進員工的工作就是面對失敗**。失敗的經驗是一個人的財產，如今我小有成就，印象最深刻的，不是新人時期的成功經驗，而是一個又一個失敗的過程。

被譽為籃球之神的麥可喬丹，在1990年代率領芝加哥公牛隊拿下6度總冠軍，5度獲選為年度最有價值球員MVP、6度NBA總冠軍MVP，並且在2009年進入籃球名人堂。

麥可喬丹不是一位完全零缺點的天才，他說：「我曾經有9千次投球不中，輸了300場比賽。被託付決勝關鍵的投籃時，有26次不進。正因為我的人生有許多失敗，所以才成就今日的我。」就連籃球之神都累積了這麼多錯誤，才有今天的成就，你的失敗次數，比得上喬丹嗎？

還是新進員工時，失敗是被允許的，如果等到資深時才犯錯，很可能發展成為責任問題。趁著新人、年輕時遭受失敗，鍛鍊自己接受挫折的力量，這是一樁好事。無論是研習或OJT，所有的工作都要親自體驗，才學得會。在第一線被顧客叱責雖然丟臉，在這也敦促你努力去學習不足的知識，盡快學會工作的技能。**一開始不順利沒關係，最重要的是，不要犯下相同的錯誤**。

提示11

工作就是從失敗中學習，重要的是，不要再發生同樣的失敗。

技巧 4

從「大失敗」中學到的東西，一輩子難忘

提到失敗，我永遠不會忘記自己進入湯姆森金融公司頭一天所發生的事。

當時我被分配到負責資訊商品的部門，我的主管田中先生是位日本人；確定工作後，我開始接受新人培訓課程。我當時的工作是分析股票資訊，提供給證券公司或投資者。前輩教我如何使用終端機，我首先要記住資訊服務的頁面。

這個資訊終端機被稱為「QUICK」，將來自日本經濟新聞社子公司等的金融資訊，提供給證券公司或投資者，連線的機台有數萬台之多。

◉ 第一天上班，就犯下嚴重錯誤

早上一進辦公室，大約是8點左右，前輩們忙著與各外資系證券公司的分析師聯絡，想要瞭解本日股市的動向，進而開始提筆寫下分析報導，而這些訊息稍晚會當作新

聞稿發佈出去。

一位寫完稿子的前輩對我說：「石塚，在網頁key上『外資系分析師的評論』，然後對外發表！」

我連忙回答：「好」，然後開始作業。我從13歲就開始使用電腦，簡單的程式設計難不倒我。當時我剛從美國返回日本，很久沒接觸日文輸入，因此有點緊張，但我相當重視工作速度，因此飛快地打字。

隨後我將訊息當作新聞稿發佈出去，就在這個瞬間，數萬台終端機立刻接收到我發佈的訊息——就在此時，前輩勃然大怒。

「石塚！你把『分析師』（アナリスト）打錯了！『リ』打成『ル』了。」

沒錯，我把分析師日文的「リ」（ri）打成了「ル」（ru），犯下嚴重的錯誤，我一臉慘白，前輩又補上一句話：「這個系統非常老舊，一旦發出去就無法再修改。」

因為我的疏忽，讓這篇有著錯字的報導，一整天出現在顧客的終端機裡，這個不該發生的恥辱，是我出社會第一天所犯下的超大失誤。

◉ 讓失敗成為自我提醒的素材

每個人都會失敗，關鍵在於，同樣的錯誤不要再度發生。這並不是逃避或推卸的藉口，沒有人可以完全不犯錯，而且，正因為犯錯，才能從中學到新的做事方法、新的工作技巧。

在容許犯錯的新人時代，最好犯下令人難以置信的錯誤；在那之後，這個錯誤就會成為你自己的素材，就如同這一節中，我將失敗的經驗寫出來給大家看一樣。

提示 12

既然已經失敗了，就好好從中學到教訓，這種失敗才有意義。

技巧 5

「沒人做的苦差事」，正是表現機會

如果現在有「輕鬆就能得到結果」和「辛苦卻很難有成果」兩份工作，你若想在最短時間內學到東西，會選擇哪一項？就常識來思考，或許應該選擇能很快就有結果的工作，學習過程比較快。

但我會選擇辛苦卻很難有成果的那一份工作，原因在於，如果一開始就遇到困難的工作，之後做任何事情，一定會覺得「這根本不算什麼嘛！」。

我在就讀大學時，一開始就選修大三、大四的課程，為了艱澀難懂的課業吃盡苦頭，拜這個經驗所賜，等到快畢業時，再怎麼繁重的課程內容，我都可以輕鬆地理解。

◉主動舉手承擔，提升你的存在感

「輕鬆就能得到結果的工作」，最後固然有結果，但不會因此獲得好評，一旦自己成為主管，就會瞭解這一點。大多數下屬都是先接受「輕鬆就能得到結果的工作」，通常主管看到部屬只想做輕鬆的簡單工作，應該都會感到很無奈。

如果在這個時候，有人自願舉起手，自告奮勇接下沒有人願意承接的工作，對主管而言，這種下屬的存在感會立刻增加。

勇敢接下「問題工作」

當我還是路透社小職員時，有一項工作是提供股票調查服務。該項商品的問題堆積如山，沒人願意接手。願意協助的證券公司也只有幾家，對投資者而言，這是個無法使用的服務。

我當時雖是有勇無謀地工作，但想比其他人學得更多，於是盡可能增加自己的工作量，結果這項「問題工作」落到我的頭上。

「從道歉開始」的工作收獲

就在決定由我負責的隔天，還來不及完全掌握具體的工作內容時，營業部的人來找我。「石塚，這個案子是你負責的吧！那麼，你現在先去向顧客道歉。」

要我「去道歉」，但我連工作的背景資料都不清楚，實在有點像在開玩笑。其實去道歉是有目的的，就算自己沒有任何過錯，也要低頭向對方說：「非常抱歉」，表達改善的誠意。

所以，這是一份從道歉開始的工作。前一位負責人花了4年時間，只能找到4家資訊提供公司。我想盡各種辦法，在短短3個月裡，就找了20家提供資訊公司，並且和東京證券公司合作，發佈追加的資訊，同時也請財務局（財務省的地方分支局之一）發佈追加資訊。如此一來，來自顧客的抱怨大減，同時也提升了服務內容的品質。

◉讓「大機會」向你靠攏的成功法則

的確，在我接手這項工作之後，我變得更常加班，壓力也非常大。但在某年底公司舉辦的耶誕餐會上，營業部長走過來對我說：「石塚，過去一年我從旁觀察，你今年辛苦了。雖然我們兩人的單位不同，但我知道，你很用心在自己的工作上，今後，也請繼續堅持下去。」

這個時候我深深體會到一件事——說不定接下沒有人願意承擔的工作，反倒最容易獲得他人的讚賞，上面的人也因為下屬工作順利，而有不少幫助。

如今，我深信這樣的體會是對的。**承接沒人要做的工作，是一個讓大機會往自己靠攏的成功法則。**

◉挑戰難事，學本領又能贏得讚譽

工作，不能只做主管交辦的事，而要自己主動找事做，才能感受到工作的價值；如果只是被動地等待，無法體會工作的樂趣。

因為我經常保持積極的態度，讓我不但受到主管賞識，就連社長也對我相當關注，我才能成為路透社裡，最快出人頭地的職員（前言中已經提過，我是路透社史上最年輕的商品經理、部長、經理）。

在當今這個一位難求的時代，大家好不容易找到了工作，即使你並不特別想出人頭地，也應該找一份有價值的工作。我建議大家要主動、積極地接下「不但辛苦，而且不容易有成果的工作」。

在困難的工作中，能學到更多值得學習的工作技巧；輕鬆容易的工作，不會讓人感受到工作的價值。況且做困難的工作，只要有一點成果，就一定能得到來自同事和主管的好評。

提示 13

接下沒人願意承接的工作，讓大機會主動朝你靠近。

技巧6

3年內學會所有事情，然後辭職！

我曾經在商業學校授課，當接受學生針對就業提出問題時，我總會給予他們這樣的建議——無論從事哪個行業，都應抱持著「3年內學會所有事情，然後辭職」的態度。

你的能力，不管到哪個行業都吃香

現在的日本，終身雇用制度正逐漸解體。儘管如此，像美國上班族那樣不斷跳槽、提升自己工作能力的人，畢竟還是少數。雷曼風暴發生之前，轉換跑道的人有逐漸增加的趨勢，但隨著經濟不景氣，想要轉行越來越難。

就企業而言，找一個完全沒有工作經驗的員工，從頭開始教起，讓他慢慢學習公司文化，這種制度在現代的亞洲企業裡，依舊是主流。但現在的公司，已經不願意繼續支付薪水給那些沒有能力的員工了。

一向被視為穩健飯碗的家電產業吹起裁員風暴，最近就連電通（日本知名廣告公司）也募集自願提前退休的職員，光鮮亮麗的廣告業界，似乎也蒙上了不景氣的陰影。如此一來，下游廠商或相關產業，肯定會受到嚴重的影響。

無論哪個產業的未來都不樂觀，既然未來難以掌握，那麼，**要如何讓自己能安然從裁員風暴中全身而退呢？**

如果各位從頭看到這裡，應該1秒鐘就能回答出來：**只要提高自己的價值，成為任何產業都能適用的人才**，未來就算遇到什麼挫折也不用擔心。

◉「公司」，是提升個人能力的工具

或許是因為我在美國受教育，自然而然將「公司」視為一種讓自己往上提升的手段，於是我順應自己學會到的工作技能，轉換職場。

我在湯姆森金融公司服務時，受到第一位直屬主管西先生的影響，更加深了我的這種想法。當我被分配到西先生的單位時，他對我說的第一句話是：**「石塚，花3年的時間學會這間公司所有的事情，然後辭職吧！」**

西先生在美國的研究所唸完2個碩士學位，可能因為這個緣故，他給人的感覺很不像日本人，而且他還去上了美國的法律學校，完全不像一般日本的主管，打定主意要在一家公司做一輩子。

◉只有3年，抓時間學會獨門技巧

「只要3年就足夠了，在這3年內，我會將身為商務人士應該要會的，全部傾囊相授。」從傳真到商業信件，甚至是電子郵件的書寫方式，乃至於簡報技巧，他都毫不藏私地教導我。

「寫信給日本人和寫信給美國人，寫法完全不同。」我寫的文章被他改到滿江紅地退回，順著他所修改的紅字重新寫過，又被改到滿篇紅字地退件。西先生一邊說：「要動動頭腦啊！」一邊要求我重寫，一遍又一遍地不厭其煩幫我修改。

西先生教我面對客訴的正確處理方法：面對顧客憤怒的來電，他要求我別當場處理，而是先說：「非常抱歉，我會瞭解之後再回電。」然後掛上電話，等30分鐘左右再回撥，這時對方的情緒已經冷靜下來，有時還會因為自己剛剛態度不好而道歉。這種員工手冊上不會寫出來的細膩技巧，我從西先生身上學到很多。

◉學完本領還留在原地，你會開始怠惰

我在湯姆森工作的第4年，經由獵人頭公司的介紹，跳槽到路透社。並非我執著於西先生所說的3年，而是我相信自己，在該間公司可以學到的事情已經完全學會了，如果繼續待下去，只會讓我產生惰性，於是我決定跳槽。

花3年時間學會所有本領然後離職，這想法的意義在於，把握「3年」的短時間快速學習，就如同短跑一樣，在職場裡的「起跑」非常關鍵，如果不從起跑的那一刻開始就保持領先，很難拉開與他人之間的距離。

其他人要花3年才能學會的工作，自己只要花1年；別人花10年才學得會，自己只要花3年。如果不以這樣的速度奮勇向前，只會淪於與他人一樣。**為了成為一個無論到哪個產業都能適任的上班族，一定要成為團體中的第一。**

◉再好的公司，也不該待到退休

要是沒有期限，通常人會拖拖拉拉，選擇安逸。一旦意識到自己所剩的時間有限，面對工作時肯定會抱持著緊張感。

無論在多麼優秀的大企業上班，千萬不要有「在這家公司待到退休」的想法。不要忘記「3年之內學會所有事情然後辭職」，這種覺悟是身為職場菁英的生存之道。

提示 14

職場競爭就像短跑，起步尤其重要。記住：「花3年時間吸收該公司所有能量，然後離職」。

技巧
7

快速行動的第一步：「設定目標」

想以最快速度做完、並且達到所要的結果，首先得從「設定目標」做起。如果只是渾渾噩噩地前進，根本不知道「該怎麼做」，在抵達終點之前，會花上更多的時間。**設定目標之後，還要擬定執行的方式。重複這樣的過程，就能以最短的距離抵達終點。**

◉ 我的目標：儘快從美國大學畢業

沒人教我這個想法，是我自然而然想到的。

我的父親是北海道一所高中的歷史老師，在我高中畢業之前，一直懵懵懂懂地以當老師為目標。我高中畢業時，是日本的汽車、家電製品大量出口到歐洲，日美貿易摩擦最嚴重的時候。美國人抵制日本商品的運動，被媒體大篇幅報導，來自底特律的新聞畫面裡，美國人以榔頭破壞日本汽車，在車上點火。

這些畫面對我極具衝擊性，我當時認為應該要改變這種狀況。「說不定美國人和日本人接觸之後，就能理解日本人的想法。」我抱著這樣的心情前往美國，依然想成為一名老師。

◉我想去沒日本人的大學念書

高中畢業赴美唸書時，我的英文程度並不好，所以先前往聖路易市的英文學校就讀。該間英文學校有很多日本人，大家自然而然地形成一個團體。但那些日本留學生不太和其他國家的學生往來，只知道玩樂。

我無法忍受那樣的團體，於是決定到沒有日本人就讀的大學去。我打了100通電話，卻找不到一間沒有招收日本學生的學校，但我仍不死心繼續詢問。當我打電話到勘薩斯州的西北大學時，剛好是校長接的電話。

我用一口破英文跟校長表明說：「我想在沒有日本人的環境裡唸書。」西北大學的校長告訴我：「我們學校是基督教系，與日本的ICU（國際基督教大學）大學有合作關係，目前只有1位從日本ICU來的交換學生；至於今年的畢業生當中，沒有任何日本人，我們學校正是你所尋找的大學。」於是，我決定進入西北大學就讀。

想透過商業，做為日美橋樑

進入大學之後，必須選擇專攻的學科。如果要在美國當老師，就得選擇國際關係，也要念亞洲史。就在這個時候，我頭一次發現這個問題：身為日本人的我要在美國念亞洲史，這不是很奇怪嗎？

在此之前，我所認識的世界非常狹隘，**從日本以外的觀點來看日本，這給了我重新思考未來的契機**。當時因為日本經濟大好，我開始認真思考，自己想做的不是赴美之前所想的老師，而是商業方面的工作。我想要透過商業往來，成為日本和美國之間的橋樑，這樣的心情越來越強烈，因此我決定就讀西北大學，專攻國際商業。

剛好在那個時候，我遇到了老家要改建、父親即將退休等狀況，家中經濟並不寬裕，於是我設定了一個目標：「盡可能在短時間內從大學畢業」。

我的戰略：暑假到外校修學分

一旦目標明確，要如何實現？這時必須好好思考實行的方法。

就像日本的大學允許學生在合作的大學裡修學分，美國的大學也是如此，在外校修的學分是被承認的。

因此，較為簡單的大一、大二課程，我將它們集中在暑假有開課的其他大學裡密集上課、修取學分，平日在自己所讀的學校裡，則用來修大三、大四的專業科目。

英文不好，讓我吃足了苦頭

當時我的英文程度不夠好，卻一開始就選修針對大三、大四學生所開設的、難度較高的課程。一開始我完全聽不懂上課的內容，翻譯一整本教科書或做一個題目，往往要花上10個小時的時間。

上課的內容相當專業，在「經營倫理學」的課堂上，教授出了一道題目要大家辯論。「你手下有個業績第一的業務員，他的兒子過世了，導致他業績一落千丈，這個員工是否應該被革職？身為社長的你該如何做出決定？」

由於我是班上唯一的日本人，老師很愛點我回答，「孝一，你的想法如何？日本人是怎麼想的？」，讓我在上課時完全無法分心。

我的成果：只花2年就大學畢業

每逢暑假，我的目標是一個夏天要修20個學分。早上5點起床，花1個小時的車程到艾奇達州立大學，從早上7點半開始上課，一直上到晚上10點結束，我的課排得滿滿滿。課業結束後，我直接到圖書館繼續唸書，每天除了唸書還是唸書，有時累過頭，還在車上睡著了。就這樣，我只花2年的時間，就順利從西北大學畢業。

提示15

訂定目標，然後思考達成目標的戰略，接下來就是身體力行實踐它。

技巧8 有「動力」，才不只是「白日夢」

我在西北大學就讀期間非常努力，現在如果要重來一次，我可能已經沒有當初這麼強大的衝勁了。

當初之所以能夠這麼努力，是因為我擁有一個大目標：兩年內讀完大學。為了達成目標，我又訂了小目標，在自訂的期間內，克服每一項難關。

有夢最美，但不要太遠

擁有夢想是一件很棒的事情，但如果夢想太過遙遠，或是垂手可得，便無法成為每天打拚的原動力。例如：要在幾歲之前成為部長、要在幾歲之前開公司，並讓公司的股票能在東證新興市場掛牌上市等，**首先要決定可以實現的「大目標」**。

接下來要規劃目標實現的時間表，例如今年內要考上MBA，或是TOEIC要達到950

分以上、業績要拿下分公司第1名等，設定只要努力就能達成的小目標。如此反覆地規劃和實現，就能確實感受到自己加快腳步往最終的大目標前進。

◉設定1年修完MBA所有學分

從我讀大學開始，就想過總有一天要上MBA課程，我抱著挑戰的心情去應試，在大學畢業時獲得2所學校的入學許可。但因為學費的問題，我決定先回到日本工作，將來有機會再來念。

我在路透社上班時，開始尋找到商學院進修的機會。路透社是青山學院大學商業課程的支援企業，因此可以到卡內基大學接受MBA課程，公司指派包括我在內的5人前往，在那裡接受為期7個月的課程。

很高興重拾睽違已久的書本，當7個月的課程結束時，我的朋友和教授都建議：「何不到青山學院大學的研究所進修商業課程？」如果可以一邊工作一邊唸書，我很想試試看，於是參加了考試，結果真的考上了。

花2年唸完大學的我，設下在1年內修完所有學分的目標，並且付諸實際行動。

有點難度的目標，才能令人充滿幹勁

當時美國國內的MBA教授經常到日本，在青山學院開班授課，我所選修的學分有一半是以英文上課，剩下的一半則是日籍教授所開的課程。這對於原本計畫到海外進修商業課程的我而言，是很棒的機會。

在路透社上班，想找到空檔唸書是很辛苦的，不過就在訂定這樣的目標後，我充滿幹勁。結果原本要2年才能修完的學分，我只花1年的時間就拿到了。此外，我還代表學校參加亞洲的MBA演講比賽，過了一段非常充實又有意義的時光。

儘管擁有遠大的夢想，卻只淪於紙上談兵，這樣的事情大家都曾體驗過，因為人總是容易選擇安逸的做法。**為了保持動力，眼前隨時要有可以讓人充滿幹勁的目標。**

提示16

太大的夢想無法成為原動力，先從可實現的階段性目標開始。

技巧 9

說「不知道」，你就輸了！

從很久以前，許多外資企業在就職考試裡，經常出現「費米推定」問題。也就是沒有標準答案，網路上也找不到解答，要靠已知的數字和推測預估的技巧。

例如：「芝加哥有多少鋼琴調音師？」「烏取沙丘的沙子有多少顆？」等，在谷歌的應徵面試裡，還曾經出現「校車巴士裡可以裝下多少個高爾夫球？」這種題目。

◉很多問題，其實沒有標準答案

光靠死腦筋的背誦，難以回答剛才的問題，因此無法事前收集考古題練習。出這種題目不是為了追求正確的答案，而是想測試應試者面對這類問題時，會以什麼樣的方式引導出答案，重視的是「中間的過程」。換句話說，藉著這類題目來判斷應試者的思考邏輯。

舉例而言，如果考卷裡出現了「芝加哥有多少鋼琴調音師？」這個題目，要從鋼琴調音師的需要和供給的均衡來思考。芝加哥的人口有多少？全市有多少架鋼琴？一架鋼琴一年內要調幾次音？調音時需要多少調音師？……從這樣的觀點思考並計算。這個時候，即使不知道芝加哥的人口有多少、不知道鋼琴需要調音的頻率也沒關係，只要從推斷的數字來計算即可。

◉「假設」和「推測」，也比說「不知道」好

職場上，沒有答案的問題相當多。可能有人從來沒遇過難以解決的困難問題，或許有人會認為，在這時候老實回答「不知道」即可，**然而「不知道」這三個字並非結論，只代表答題者放棄用自己的頭腦思考。**

前面提過我之前的主管西先生，他是這麼教我的：**「不要輕易將『不知道』這三個字說出口，『不知道』代表你此刻沒在思考，腦袋是停止的狀態，只要持續思考，一定可以得出結論。」**

舉例而言，如果是業務員，自己所銷售的商品必須是對方想要的商品才行。既然如

此，對方想做什麼？想要什麼？如果連這都搞不清楚，商品根本賣不出去。因此，在解說商品的同時，還要觀察對方的反應，「這種說法，能不能打動對方呢？」。只要能找到對方在意、關心的點，就能拿到合約。

因此，**根本沒有時間停止思考。就算是假設也沒關係，如果不動腦筋想辦法，就永遠無法找出答案。**

當西先生問我問題的時候，我必須要回答：「我想是有怎樣的可能性」、「我認為事情恐怕不是那樣的」，就算推測也沒關係，但得是自己思考後的答案。因為這樣的訓練，我養成「不等別人說，先以自己的頭腦思考」的好習慣。

提示17

不准說「不知道」！就算提出假設的答案也行，想出答案後，繼續往前進。

技巧 10

培養學校沒教的思考力

學校教育以填鴨式的背誦為主，未能培養學生的思考能力，這一點長期以來為人所詬病。

職場上，每天都有新問題出現，你必須具備解決問題的果斷力和想像力，以及孕育新事物、新觀念的創造力。如果沒有這些思考能力，想在今後的社會生存，是非常嚴苛的考驗。

◉這些事老師不會教，出社會得自己學

出社會之後，如何培養自己的思考能力呢？

在競爭激烈的職場裡，尤其是第一線，當然得培養思考能力，而網際網路是協助我們鍛鍊這項能力的好幫手。

隨著網路的普及，原本只有專家才知道的資訊，如今任何人都能輕鬆到手。當然不能百分之百相信網路上的消息，而如何找到值得信賴的資訊，這才是最重要的。

因此，接收到訊息不能囫圇吞棗、照單全收，而要在腦子裡好好思考，然後加上自己的觀點，產生附加價值，如此一來，就能在短時間內超越專家。如果**遇上不知道的事，千萬別停滯不前，要有追根究柢的精神，這才是現在必須具備的態度。**

◉「思考」和「煩惱」兩者有別

我認為「思考」和「煩惱」兩者很相似，性質卻完全不同。所謂煩惱，在我的想像中，就像老鼠在籠子裡不斷轉圈圈，越是煩惱、越是鑽牛角尖，越是想不出解決辦法。

所謂思考，是引導出解決方法的手段。身為職場人士，與其煩惱工作進度和人際關係，這時只要把「煩惱」的行為轉換為「思考」，就不會浪費寶貴的時光。

◉條列解決方案清除「煩惱」

以我自己為例，當我出現「嗯，這該怎麼做才好……」的猶疑不安時，總會先反問自己：「現在是在煩惱嗎？」

接著我就會想：「我到底在煩惱什麼？煩惱的根本原因是什麼？」

然後便開始思考：「這個問題該如何解決？」同時**拿起紙筆，寫下自己現在煩惱的原因，嘗試逐條列出適當的解決方法**。如此一來，煩惱的事消失了，因為看到這麼多解決方案，先前的疑慮自然不翼而飛。

◉催眠自己「問題其實很簡單」

無論多麼棘手、多麼難以克服的問題，只要利用這個方法寫下解決策略，就會發現其中至少有2到3個解決之道。採取這種方式，就不會光是煩惱，還能藉由持續思考，往結果邁進。

如果老是想著問題很困難、事情很棘手，那麼你就輸了。**人一旦覺得困難，思考就**

會瞬間停滯不動。即使再難，也要認定問題是「簡單的」，令人驚訝的是，只要這麼想，解決之道就會在眼前展開。

一旦養成這個習慣，引導出解決方法的時間會大為縮短。持續這麼做，便可鍛鍊我們的思考能力和運用能力。

提示18

「煩惱」和「思考」很相似，卻完全不同；擺脫煩惱的狀態，用自己的頭腦思考。

技巧 11

「可靠感」，從外表開始

我希望大家能站在鏡子前面看著自己，然後自問自答：「我看起像個可靠、優秀的人嗎？」如果連你都認為自己看起來「不可靠」，世界上恐怕沒人會覺得你是可信的。

◉想成為菁英，先從「外型」下手

當我還是個學生時，我就開始設法讓自己看起來很優秀。換句話說，與其他人見面時，我總是想辦法給人一種「這個人看起來很厲害」的感覺，於是，我總是把筆記型電腦放進手提箱裡隨身攜帶。

我們經常可見肩膀上背著黑色尼龍背包的人，當然，尼龍材質的背包很輕，攜帶方便。但是手提箱和尼龍材質的包包，哪個會讓人看起來比較專業？答案非常清楚。

◉品味，要在成功之前就培養

想成為優秀的職場人士，首先要從外型下手。例如一流的業務員，幾乎沒有人會使用一支15元的原子筆，也不會帶著便利商店販售的塑膠雨傘。至於傑出的商務人士，更瞭解「別人對自己的第一印象」非常重要。因此，選擇使用的物品時，不要抱持著「可以寫就行」、「不會淋濕就行」這種想法。

或許有人認為，成為一流菁英之後，再來重視自己的打扮、慎選所使用的東西，而我認為那為時已晚。沒有品味的人在成為有錢人之後，完全是暴發戶的格調，只是使用昂貴的物品，無法表現個人的氣質。

我不認為對於自身打扮漠不關心的人，能懂得如何掌握他人需求並銷售商品，這種人很難成為優秀的商業人士。

◉15秒內，決定第一印象

多年前有本《從外表了解一個人九成》的書籍非常受歡迎。小學時，老師教我們

「不可憑藉外表來判斷一個人」，但我們與人初次見面時，通常都以外表來判斷，而非內在。

所謂外表，大多時候是靠第一印象。與初次相見的人碰面，「看來是個很糟糕的傢伙」、「好像是個有趣的人」、「這個人好像挺溫柔的」……，據說**這些第一印象，在短短15秒內就會做出判斷。**

決定第一印象的要素，來自視覺上的資訊佔了絕大部分。根據美國心理學者麥拉賓（Albert Mehrabian）的研究，來自於「外表．服裝．表情」的印象佔55％，「態度．姿勢．動作」的印象佔38％，「談話內容」佔7％。根據上述研究，就算充滿熱情與對方聊天，如果外表不被別人接受的話，恐怕無法受人信賴。

◉用穿著凸顯自己的特質

這是幾年前的一個話題，職業棒球界因為球隊重整的問題陷入困境，當時有兩家企業有望成軍新球隊，一個是舊Livedoor，另一個則是樂天。

當時，舊Livedoor負責人堀江貴文的個人特色，是牛仔褲配上T恤，較為隨意的打扮，而樂天的老闆三木谷浩史向來西裝筆挺。我不是說舊Livedoor最後沒成為新球隊是因為老闆的穿著打扮所致，但覺得堀江的打扮太過隨興的人，恐怕不在少數。

自我主義固然重要，但根據場合選擇穿著，這是身為社會人士理當注重的禮儀。

◉用紅領帶給人「熱情、有幹勁」的印象

我們可以從新聞當中瞭解美國議會的狀況，可能有人覺得不可思議，居然很多議員都打著紅色領帶，這在日本國會殿堂上是很少見的狀況。

美國歷任總統演講時，都會打上紅色領帶，因為紅色代表熱情、力量，再加上美國國旗有紅色，藉以傳達愛國的情操。

藍色襯衫搭配紅色領帶，這是美國商界人士的基本穿著。實際上，打紅色領帶能給人充滿幹勁的感覺。在美國，就職面試時很多人也會選擇紅色領帶。

我的領帶清一色是紅的，從素雅的粉紅到鮮豔的大紅色，大約有60條。「路透社的職員當中，有位打著紅色領帶的人是誰？」如果有人這麼問，立刻有人會回答：「那個人是石塚」，因為只打紅色領帶已經成為我的個人標誌。

用吊帶褲、白襯衫強調金融背景

此外，日本上班族很少人會用吊帶，但我個人卻非常喜歡。雖說歐美的商界人士並非全都穿吊帶，但在外國電影或連續劇中，經常能見到這種打扮。**在美國，成功企業家給人的印象都是穿著吊帶褲**。

除了領帶之外，我對於白襯衫也有自己的堅持，對摺袖的白襯衫情有獨鍾。但摺袖的白襯衫當時在日本賣得並不好，我都是訂做的，然後再別上Dunhill的袖釦，看起來就像那些在美國華爾街上班的金融業人士。

用黑西裝打造專業主管的盔甲

如果遇到比自己年長的下屬，我在辦公室裡絕對不會脫下西裝外套。因為年紀輕很容易被小看，這個時候，一定要特意展現出優秀的形象，不能讓自己看起來不夠威嚴。我通常會穿上猶如盔甲般的黑色西裝，面無表情的看著電腦，營造出很難攀談的氣氛。

俗話說：「男人一生中，會有七位敵人。」這句話不只適用於戰國時代，同樣適用於現在。在職場裡，唯有自己才能保護自己。西裝、領帶、包包和手錶等，慎選自己所使用的物品，以充滿自信的態度與他人接觸，扮演一位看起來非常優秀的上班族。而這樣的形象，就是守護自己的最大武器。

提示 19

外表很重要，讓自己看起來很專業，也是一種職場上的武器。

技巧 12

工作順利時，別急著慶祝

英國作家山繆爾・斯邁爾斯（Samuel Smiles）曾經這麼說：**「困難和災難能夠鍛鍊一個人；富裕和幸運，一開始是我們的夥伴，但有一天會成為我們的敵人。」**

◉危險，總在意氣風發時來臨

舉例來說，花式滑冰選手要在為期2天的賽程裡，分別進行指定曲和自選曲的比賽。如果第1天的指定曲拿到高分，可能會因為過於開心出現了放鬆心情的危險。結果第2天的自選曲失誤百出，錯失贏得獎牌的可能。正因為第1天拿到高分，第二天更要戰戰兢兢。

俗話說：「勝利時更要拉緊盔甲的繩索」，在職場上如果遇到失敗而意志消沉，只要深切反省，下次更加努力就行了。真正麻煩的是，**通常危險都是在拿到大訂單、意氣**

風發的時候發生，要是一直處於亢奮的情緒，無法以平常心來面對工作，下個工作就有可能犯下錯誤。

我小時候因為學過空手道、柔道、合氣道、跆拳道等武術，比賽的輸贏經驗多到數不清。從這些經驗我深深體會到，當有好事發生時，絕不能因此沾沾自喜。

到便利商店看漫畫，轉換心情

當我在工作上有大斬獲時，為了轉換當時的亢奮情緒，我會到便利商店站著看漫畫。因為漫畫的背景脫離現實世界，只要看個2、3分鐘，我的心就跟著主角到其他世界去旅行，自己也完全投入劇情之中，讓原本激動的情緒得以平復。

順帶一提，我特別推薦以下的幾本漫畫。包括了《砂之榮冠》、《戰國一統記》、《黑澤最強傳說》、《請叫我英雄 I am a HERO》、《錢進球場Gurazeni》、《琴之森》、《宇宙兄弟》、《浪人劍客》、《社長島耕作》等。當然不一定要是漫畫，只要**能在短時間內讓自己集中精神、回歸平常心的事情都可以**。

這麼做不光為了讓亢奮的心情可以冷靜。當某個案子獲得成功被表揚，或是比其他同期更早晉升時，很多人會出現「我果然是有才能的」、「我就是和其他人不一樣」、「我真的很了不起」的錯覺。

如此一來，你可能會因此鬆懈，失去了前進的動力，工作上也開始粗心起來。這種情況會使成長停滯，**以6倍速達成目標的可能性也消失了。**

消除壓力的目的，也是恢復「平常心」，這與發生好事時的情況是相同的。暫時躲進漫畫中，看些能讓人恢復精神的劇情，這種紓解壓力的方法比暴飲暴食來得健康，而且省錢多了。

當壓力出現時，也可以嘗試透過陶藝取得內心的平靜。看著泥盤旋轉，心情也隨之慢慢沉澱，不妨體會這種「心無旁騖」的感覺。

◉ 不驕不餒，只管達到最佳狀態

如果是格鬥技迷，應該都知道雷克森・葛雷西（Rickson Gracie）這號人物。在規則不管用的綜合格鬥技的殘酷世界裡持續奮戰，締造400戰不敗記錄，是一位非常傑出的格鬥家。

當雷克森・葛雷西和日本的高田延彥對戰時，我剛好看到電視上播放兩人在比賽前的貼身採訪。高田延彥和教練兩人在跑道上慢跑，而雷克森・葛雷西則是躲到山裡，在大自然裡冥想。

所向披靡的雷克森・葛雷西，完全不因自己的實力感到驕傲，為了這場比賽，他將自己的身心調整到最佳狀態；而高田延彥為了鍛鍊體力而煞費苦心。這種情況下，勝負早在比賽之前就有了答案。果然，雷克森・葛雷西一開始上場就完全展現實力，第一局就將高田給KO。

人在失敗的時候，或是不順利的時候都會自我反省，事實上，**越是狀況好的時候，越要如履薄冰**。我之所以這麼提醒，正因為**「失敗的種子」總是在情況順利的時候發芽**。千萬不要隨波逐流，如果不冷靜沉著地一步一腳印，就不可能再次乘風破浪。

提示20

「失敗的種子」總是在人的狀態最好時發芽，愈順利時，就愈要小心。

第 3 章

貫徹「6倍速」的時間管理技巧，不做白工

技巧
1

找出24小時中的「空隙」，不浪費任何1分鐘

想持續6倍速的工作效率，時間管理是一門大學問。

時間是相當公平的，不管是誰，一天只有24小時。**如果要實現6倍速工作，關鍵在於如何運用你的24小時**。首先告訴大家，我在路透社工作時，一整天的大致行程。

◉ 我在路透社，每天工作16小時

早上6點45分，起床。立刻打開電視轉到NHK新聞台，同時翻開日經新聞確認海外股市的指數和外匯匯率，順便瀏覽一下報紙的標題，早餐以養樂多和巧克力裹腹。打開筆記型電腦，連接公司的網頁接收來自海外的郵件。我每天大約會收到100封郵件，其中3到4成來自海外。如果必須立刻回信，我會當下處理。

早上8點30分，出門上班。打從離開家門的那一刻起，我會用iPod聽英文和中文，

搭電車上班。如果有位子坐的話，我會繼續回信的工作，或是看報紙、看書。我從來不在電車上睡覺或發呆。

早上9點15分，抵達公司。將筆記型電腦連接公司的LAN，將寫好的郵件發出。

早上9點30分，開始工作。為了和其他部門保持友好互動，我會先去和各部門的負責人見面。

中午12點，午餐時間。休息時間。

下午1點，下午在公司外開會或在公司內開會、製作文件等。

下午5點，和倫敦總公司進行電話會議，或和海外聯繫。

下午6點，買便當，之後繼續製作需要花時間的文件。

晚上11點，與美國的據點聯絡，製作文件。

晚上12點30分，離開公司，在電車裡做「作業」

半夜1點30分，到家。洗澡，準備就寢。

半夜2點，就寢。

每天這樣工作16小時，是別人工作量的2倍。當時我除了用餐、淋浴和睡眠以外，所有時間都用在工作上。那時我才20幾歲，有充足的體力可以全心在工作上衝刺。

◉記錄整天行程，從中挖出可用的時間

認為時間不夠的人，可以試著寫下自己的時間表。現在的智慧型手機，大多有可記錄一整天行程的APP，我想這不是什麼難事；當然，也可以手寫在記事本或記錄在電腦裡。不過，一開始可能以手寫方式最為簡單。

重點是，將一整天的工作記錄下來，掌握自己的行程，我想你一定能發現在自己的每日行程裡，還有可利用的時間。

提示21

將自己每天的行動「能見化」，就能清楚地找出空閒時間。

技巧 2

時間管理，用記事本最方便

我從13歲開始接觸電腦，自認為是個善於使用IT機器的人，唯獨時間管理這件事，我至今還是使用紙本的記事本。

◉「手寫」記事本，方便記錄和查詢

如果是外商公司的職員，大都以智慧型手機管理時間，但就這一點而言，我還停留在類比時代。

我的記事本，外皮是LV，不會給人廉價的感覺，裡面的紙張則是從百元商店裡購買，可以單手翻閱的小型記事本。

選擇紙本記事本的理由，是因為做記錄時最方便且最快速。如果利用電腦來管理時間，出門在外還得從打開電源開始；如果是智慧型手機，得進入日曆的頁面才會看得到，輸入時也有所限制。

而記事本可以隨時放在口袋裡，拿出來不用1秒鐘，書寫也不受限制，唯一的缺點是無法保存。

◉光寫記事本不夠，加上便條紙最保險

我習慣將今日一整天的行程全填在記事本裡，放進胸前的口袋。當有所疑慮：「今天的會議是幾點開始？」隨時可以拿出來確認。儘管我也會把行程輸入電腦，但還是會忘記事前約定，因此用筆寫下來是最不會出錯的。

通常，我手上會有幾個案子同時進行，首先我會在把案子寫在不同的頁面中，每頁先寫個案的名稱，以及該案件的執行重點。

這就是所謂的「To Do List」，同時在上頭標注工作的優先順序，把寫著代辦事項的便條紙和記事本一起放進口袋。

一天結束時，留便條紙給「明天」

每天下班前，我會拿出本子，將完成的工作劃掉，剩下的工作再謄寫在新的便條紙上，舊的那張便條紙就可以丟掉了。如此一來，一整天工作就算完美地結束，工作進度也能一目了然。

有人會在便條上以不同顏色書寫，或貼上標籤做區隔，但我認為把時間花在記事本的記錄上是很浪費的。記事本不過是個工具，小心翼翼地使用，並不會讓工作因此變得更順利。**不要把時間浪費在無謂的事情上，也是實現6倍速工作的重點。**

提示22

太過執著於寫記事本的方法，只會浪費時間。

技巧 3

從馬上可以完成的工作下手

想要做事有效率，必須妥善地規劃工作流程。

◉掌握「簡單→困難」的工作順序

做事慢吞吞的人，通常不懂得安排工作的優先順序。今天應該做成的任務沒有達成，當我責問：「你到底在做什麼？」時，竟然告訴我，他在做距離截止時間還很久的工作……。這種讓人啼笑皆非的部屬，我當主管時遇過不少。

另外，有人將可以一次做完的工作，分成好幾次進行。原本只需打一次電話，就能把該問的事統統問完，卻總有人一而再、再而三打電話來說：「不好意思，關於剛剛那件事情……」這對我而言，就像反覆做著相同的工作，令我忍不住發火。

簡單的信件，一看完就立即回覆

通常，我會先做「馬上就能解決」的工作，而且這些工作我會在上班之前就完成。早上在確認郵件的同時，如果是**可以立刻回覆的信件，我會當下解決；**至於那些需要仔細思考才能回覆的麻煩信件，我通常會放到後面處理。

很多忙碌的人總先閱讀完所有郵件再開始回信，等到要回信時，又得再看一次郵件內容，等於花費2次的時間。為了不浪費時間，最好是看過信之後當下回覆，哪怕信件內容只有兩、三句話都是如此。

如果回信需要花很長的時間，那麼這封信就放到一整天的最後再回。如果一早就寫了艱澀的信件，光是這封信，可能就消耗掉你一整天的活力。

「5分鐘」內可結束的電話，一次打完

確認郵件的工作告一段落後，如果還有時間，下個可以處理的工作就是打電話。5分鐘之內可結束的電話，一個接著一個打，迅速把這件事了結。簡單的文件閱讀，也可

以在這個時候處理。

多數上班族是在上班之後才開始處理這些事情，在開始工作之前，甚至溜去悠閒地抽根菸。這麼做是無法以6倍速完成工作的。**當周遭同事正要悠閒地展開一天的工作時，我為了能夠專心著手於重要事務，已經將獨自可以完成的工作，在正式上班前就全都做好了。**

有人喜歡從困難的工作開始做起，但我習慣將「很快便能解決」的事情先處理掉，這麼做固然會產生小小的成就感，但我其實是為了在進入下一項工作時，更容易集中精神，有助於提高工作效率。

◉將繁重的工作分解、排序

所謂「滾石不生苔」，**從簡單的工作著手，持續「解決」的成就感，能讓工作變得更有節奏感。**

如果一開始就進行需要花時間的工作，可能會覺得時間還很充裕而產生怠惰，無法一鼓作氣。困難的工作完成時，或許會有很大的成就感，但相對地，也消耗了不少的元氣和體力，很難提振精神進行下一項工作。

就算是很大的案子，也要把內容分門別類，**區分為「可立刻完成」和「需要花時間」的作業，再依照計畫排列優先順序**，可省去不少浪費的時間。

提示23

先做可以「馬上解決」的事，創造工作的成就感。

技巧 4

集中處理「相同類型」工作

相同類型的事情若能一起處理，效率會大幅提高。例如電話或郵件的處理，固定在早上9點到10點之間的1小時內處理完畢，事先決定每項作業的處理時間。

◉工作有2種：「思考」和「執行」

通常這種零碎的工作，是利用空檔時間來進行。可是一旦把精神集中在重要的項目時，很容易把其他事情往後挪，代辦事件就會慢慢累積，成為壓力的來源。每天一鼓作氣地處理，這對精神層面很有幫助。

此外，**當我展開一項工作時，會把該項作業中的「思考部分」和「作業部分」區分開來**。製作文件的話，通常會利用移動或休息時間，在腦海裡稍微整理自己想要寫下的內容，並加以記錄，或直接面對電腦不斷敲打鍵盤。

提示24

專心做好一件工作，比多工作業效率高。

只有2%的人擅長一心兩用

根據某項研究，能夠有效率地同時進行2件以上工作的人，僅僅佔2%。剩下98%的人通常會精神不集中，造成反效果。**「同時進行多工作業」，向來被視為職場菁英的必備技能，實際上，這麼做很可能令工作效率變差。**

在職場上使用電腦的人，通常每10分鐘或5分鐘，注意力就會不集中。而整天從事文書工作的人，一天下來會浪費2.1個小時。如此換算，一年就浪費了546個小時。

這麼一想，郵件歸郵件、電話歸電話、開會就專心開會，**把所有作業分開進行，反倒效率更好**。大家不妨觀察一下，一邊走路一邊利用手機回信，速度是不是變慢很多？倒不如停下腳步回信，等回覆完再走，反倒快多了。有時自以為效率很高，其實很可能是效率不彰。如果你遲遲無法加快工作速度，就應該重新評估自己的工作方法。

技巧 5

最好一個人吃頓放鬆的午餐

想要以6倍速過一天，行程的「節奏」很重要。早上以超猛速度工作的我，午餐時間一定會好好休息。我從來不會一邊吃午餐一邊看電腦，就像上一節所說，同時進行多項工作，反而效率不彰。

◉ 午休，是段與工作隔絕的時光

當我需要紓壓時，我會從公司所在的神谷町搭乘地下鐵去六本木，在漫畫咖啡店裡享用午餐。我在上一章提到，看漫畫對我而言是最棒的放鬆時間。

之所以特地跑到六本木，主要是因為神谷町附近的餐廳太少，到處都得排隊。寶貴的時間用來排隊，實在太浪費了。此外，**如果遇到公司同事或認識的同業，感覺還在工作，完全無法放鬆**。我從來沒有跟同事或帶下屬一起去吃飯，因為這段與工作完全隔絕的時光，對我來說是必要的。

午休時不工作，但不是發呆放空

我雖然吃著午餐，但腦子裡所思考的還是與做生意有關，但這部分完全是自己天馬行空的想像。

「這家餐廳的味道非常棒！」當我吃到美味的食物時，不只純粹站在享用料理的立場，還會盤算著「這個套餐毛利會有多少」、「人事費用和租金等管理費用要怎麼計算」、「這家店如果只做午餐一頓會有多少淨利」——任何事物都從商業的角度思考，這已經成了我的習慣。在用餐時間，以遊戲的心情鍛鍊自己的思考力，這也是一種腦力訓練。

真正的菁英懂得「何時該休息」

最近常聽到「午餐會報」這個辭彙，利用午餐時間討論工作或交換資訊的人相當多。**這樣的方式雖然不壞，但我不認為「午餐會報」會有效果。**如果要討論工作，大可從工作中挪出時間，實在不需要特地犧牲自己放鬆的時間。

順道一提，我的晚餐通常是在便利商店的便當或飯糰。我在行銷部門工作時，幾乎沒有應酬，因為與海外據點的電話會議相當多，沒有時間到外面用餐。

當工作到深夜，身體自然會感到疲憊，為了不影響判斷力，我會吃巧克力提高血糖值。因為「肚子空空無法打仗」，與其餓著肚子工作，倒不如找些東西吃，讓精神更為集中。

提示 25

午餐時段，完全不碰公事，短暫休息過後，下午更有效率。

技巧 6

假日時，別睡到自然醒

我總在深夜12點半搭乘最後一班電車回家，到家時已經凌晨1點多。洗完澡之後，我會準備明天的工作或看電視新聞，等到真正上床就寢時，早已經過了凌晨2點。

◉ 找出為自己紓壓的方法

由於太過疲累，因此很容易入睡，但偶爾也會有情緒亢奮難以成眠的時候，這時**我會泡溫水澡，抑制自己的交感神經，讓副交感神經發揮作用，身體慢慢放鬆後才入睡。**

我喜歡泡溫水澡勝過熱水澡，如果水溫過燙，反倒會讓交感神經發揮作用，更加睡不好。如果早上有時間，我也會泡溫水澡；如果要讓自己清醒，我會泡熱水澡，讓交感神經運作。

記得我第一次帶年長的下屬，當時累積不少壓力。因為壓力過大，常常得泡溫水澡，藉以紓緩壓力。

作息時間，儘量固定

可能是因為過於疲累，我在放假的時候，有時會睡到9點、10點。但睡眠的循環如果改變的話，可能會造成晚上睡不好，所以不是個好習慣。

現在為了和家人相處，我會在星期天早上帶小孩去玩5人足球，所以起床時間和平日一樣。**每天在相同時間起床，在相同時間睡覺，睡眠的循環才不會失序**，這樣一來，早上起床也不再那麼痛苦。

健康的身體，是6倍速工作的根本

我在外商公司服務期間，搭電車回家時總是筋疲力盡，甚至連雙腳都緊繃、麻痹，因此我總隨身攜帶著營養補充食品或飲料。我的睡眠時間平均約4.5小時，因此早上起床很痛苦——有時鬧鐘響了，卻怎麼也爬不起來。

體力和精神消耗量太大，因此我會選擇合適的營養品，幫自己緊急充電。上班族通常都外食，就算再怎麼注意，總是會營養不均衡，如果因忙碌而常以便利商店的飯糰、便當當作一餐的人，更需要注意補充營養。但最好的方法，還是要有固定的作息與培養運動的習慣。身體健康是一切的根本，別讓身體的不適影響你原有的表現。

提示 26

無論平日或假日，都要維持固定的作息。

技巧 7

留到明天的工作，一定做不好

簡報用的資料、需要花時間的工作，我通常會在上班以外的時間處理。我還是一般職員時，工作多到上班時間內做不完。等我成為主管之後，要忙著指導部屬，還要著手各項的專案，也是忙得不可開交，我會利用單獨作業的時間，努力把工作完成。

◉ 一鼓作氣，省去明日重拾手感

基本上，我很不喜歡把工作往後挪。今天可以完成的工作，一定全部做完才回家；**我認為事情做到一半，因為要下班回家而被迫停頓，非常沒有工作效率。專心投入一項工作時，精神集中的程度遠遠超過自己所想**，因為要一邊記住與該項工作有關的事情，同時要瞭解內容才能順利進行。這時，總有機會出現「這樣做比較好」的靈感，讓你的工作更趨完美。

但如果把剩下的工作留到明天，工作時的緊張感和精神集中力自然會被打斷，想要找回前一天工作時的手感，恐怕要花上一點時間。

況且，只要再努力加班1、2個小時就能完成的工作，卻中途放棄，這會對精神上造成影響，**心中老是掛念著工作，就算上了床也很難睡著。**隔天早上，一想到又要繼續前一天剩下的工作，心情變得沉重，心理上容易被消極情緒所影響。

既然如此，今天應該做完的工作就不要留到明天，一開始就這麼決定，反倒比較輕鬆。**把所有該完成的事情做完再離開辦公室，會有一種達成目標的成就感，**隔天早上也能變換心情，投入其他工作。

一旦手上的工作量減少，即使有新案件突然穿插進來，也能夠從容處理。**我能用別人數倍的速率工作，最大原因在於我養成做事不拖拖拉拉的習慣。**

提示27

今日事今日畢，是一種「不拖延工作」的態度。

技巧 8

通勤時間，別浪費在「上網」

6倍速工作術在時間規劃上，絕對不能忽略「如何善用移動時間」。離開家門到搭上公車、捷運、下了車走路到公司……，想要以6倍速工作，這些通勤時間都不容浪費。

在公司會被打斷的工作，趁搭車時處理完畢

以我自己為例，我在離家之後，通常會戴上耳機，利用iPod聽英文或中文教材。在運動員的世界裡，如果不持續鍛鍊，體力立刻會下滑；學習語言也是如此，如果不時常接觸，程度也會下降。就算沒有集中精神努力聽，也會記得單字的發音，因為耳朵已經習慣了，一旦需要開口的時候，才能自然地開口講。

返家在電車上，我會處理當天沒能回信的郵件。美國總公司一天之中會發好幾封內容專業的長篇郵件，我通常會把這些郵件列印出來，放進透明夾並收進公事包，搭電車

時再拿出來熟讀，重要的部分會以馬克筆劃線標示，並把想到的事情寫上去，做好回信的準備。當時尚未有智慧型手機和無線網路，所以無法在電車裡回信，但我會在回家後寫下回信的草稿。

這項工作如果要在辦公室裡進行，在閱讀信件時可能會被電話，或是其他同仁中斷，讓我無法集中精神閱讀。

如果想要「明天再回信」，面對每天數量驚人的郵件，絕對會忘記。**我認為「忘記回信」這件事，是職場裡絕不可犯下的疏忽。忙碌不是理由，一旦疏忽忘了回信，會失去個人信用。**在電車裡看書，或學習與自己工作有關的事物，這樣的時間安排才是王道。

除此之外，我還會在電車上做一個小小的訓練。**比較車廂內的廣告，自行選出一個最棒的和一個最差的，然後思考兩者好與不好的理由。**

舉例而言，「這是個很棒的廣告，因為文字很少，廣告訴求一眼就能看穿，用字遣詞非常精準。」、「我認為這個廣告很糟，直行閱讀從左到右不是很順暢，文字排列也影響了閱讀的節奏」等，無論好或壞，都要能說出具體理由。

這個方法對於學習廣告或行銷技術頗具效果，歡迎大家嘗試看看。

◉設定學習目標，能更加有效率

搭電車的時間，比在家裡或在公司更能有效活用。我的朋友裡，有人每天花1.5個小時通勤，他便利用等車和坐車的時間準備及格率超低的國家考試，結果金榜題名。每當他被人問起：「通勤時間相當長，你怎麼有辦法唸書？」他的回答是：「就因為搭電車時可以看書，所以我才會考上。」

因搭車的時間有限，自然產生了時效性。如果在家裡K書，很容易拖拖拉拉；相反地，通勤電車的行駛時間是固定的，正好集中精神在那段時間裡認真看書。「今天要背20個單字」、「要念10頁參考書」……，只要設定目標，就能有效率地唸書。

提示28

利用「固定」的乘車時間，比在辦公室裡更有效率。

第 4 章

花 1 次功夫，累積 6 倍的資訊、人脈

方法 1

用情報換情報，資訊量倍增

工作表現，和你的資訊量與即時工作能力息息相關。不光像我這樣在外商公司服務的人，無論哪種企業、哪種職業都是如此。今後的競爭世代，**資訊情報就是你的子彈，唯有能掌握精準資訊情報的人，才能在未來世界裡存活**。因此，資訊蒐集是工作中不可缺少的重要環節。

◉拿資訊當「誘餌」，釣出你不知道的情報

我在湯姆森和路透社服務時，網路不如現在普及，想要蒐集資訊情報，只能靠與人直接見面、談話而來。

如同我在第2章所言，不懂的事應該請教最懂的人，這是最快的學習途徑。這種做法不僅適用於新人，對於負責新業務、想獲取該行業的最新知識和訊息時，都要不斷請

教他人。

透過網路或書籍獲取資訊是必要的，讀了10本書才能得到的知識，直接去請教懂的人會快很多；即使要花點錢，我認為花這樣的成本或時間是應該的，無須覺得可惜。

我經常以「想要交換訊息」為目的請別人吃飯，或帶著禮物到顧客家拜訪，請教有用的資訊。像這樣在特地安排的場合下，對方總會告訴我一些平常不會告訴顧客的第一手資訊；在這種場合所獲取的資訊，很多時候也是其他的廠商需要的。通常，**我會把這些資訊當成禮物去拜訪另一位客戶，藉此交換其他的資訊，如此一來各種資訊就能到手。**

把資訊當做誘餌，再釣上更大的訊息。只要能完美掌握這樣的步驟，很快就能蒐集到各種資訊。

投資並善用人脈，蒐集資訊

在這樣的場合裡，與其暴露出自己什麼都不懂，倒不如裝懂配合對方的談話。就算對方給予的資訊相當珍貴，也要裝出若無其事的態度。如此一來，對方會更認真地提供更多資訊。

以該種方法蒐集情報，在不知不覺間，你從別人口中得來的資訊，就能轉化為自己的資產。

近來坊間有許多講習課程，參與這樣的活動場合也能有助於蒐集情報。但請留意，支付昂貴的報名費用，未必能獲得有用的訊息，倒不如善用自己現在的人脈，以最少的投資，獲致最大的效果。

提示 29

善用自己的人脈，蒐集各種資訊，讓這些訊息成為有用的情報。

方法2

花時間死讀書沒用，活用1本的內容就夠

「看書」是蒐集資訊的一個手段，如果能把書本上的知識活用於職場，很有機會成為該項領域的專家。

崇尚「做中學」，不盡信書

我的閱讀向來只是為了工作，基本上我不看小說。暢銷排行榜的書，也是為了當作與人交談的話題，稍微翻過；通常暢銷書籍都會陳列在書店裡最醒目的地方，我只會大致翻過、瞭解概略內容，我覺得這樣就足夠了。

商業類書籍，我推薦之前曾見面的麥可波特和傑克．威爾許的著作，或是在行銷學上非常有名的菲利普．科特勒。我所看的書，都與目前負責的業務有關，或是和金融市場、經濟方面的書籍，與其死讀一堆暢銷書，不如選擇有深度的好書，學到其中真正有

用的內容，並實際套用在自己的工作上。

我曾任職中資金融資訊服務公司、日本新華金融的社長，因此大量閱讀中國關係的書籍。那個時候，我大概看了10本與「中國」有關的書，儘管主題雷同，但因作者不同，觀點也不太一樣。

◉ 選擇不同作者，方向才廣

資訊的蒐集必須平衡，光靠1、2本書來做判斷是很危險的。如果可以的話，最好閱讀主張極端的書籍。最好選擇不同作者的作品，因為只看同一位作家寫的書，觀點可能出現偏差。

像這樣集中同一個主題看書，自然能看到共通點和問題點。無論哪一本書，都會有與其他書共通的地方，也會有各自的問題點，這些就是事物的「本質」。

◉ 書本上的「數據」，是增加可靠度的祕訣

我有時會在書上劃線或是折頁，劃線是為了強化記憶，而在重要的地方折頁，有助

於反覆閱讀。有時，我也會在書上寫些東西，把書本當作教科書來使用。尤其我會在數字下方劃線，幫助自己記憶。例如：人口或GDP等經濟狀態，最好掌握確切的數字；**在商場上進行談判時，適時引用這些數據，能讓自己的話更具說服力。**

「據說，印度的人口紅利（小孩和高齡者人數較少，15至64歲的生產人口較多的狀態），將會持續到2040至2050年；大約要到2100年，才會進入少子化時代。因此，要進軍印度市場的話，會有很長一段事業平穩期。」——引用實際的數據來說明，對方比較容易想像。但如果只用「印度現在正快速成長」這種說法，完全無法引起對方的興趣。

蒐集來的資訊，要能夠立即在職場裡活用。根據從書本上獲取的知識與他人對話，培養自己豐富的知識力，當你懂得並獲得更多的資訊，就愈有機會換來珍貴的情報。

提示 30

從書上獲得的知識，要活用在職場的第一線。

方法

3

真的沒時間，就先看「作者介紹」

關於速讀，有贊成與反對兩派。為了實現6倍速工作，我是屬於速讀派；因為我的閱讀目的，是獲取商業相關資訊或知識，沒有熟讀的必要。

◉為了「6倍速」，必須速讀和略讀

坊間有許多與速讀術相關的書籍，但我從沒看過，也沒接受過特別訓練，完全是靠自學。

我的速讀是在美國讀大學時訓練的，如同我在第2章所描述，為了盡快畢業，我必須比別人更用功，讀更多的書。一開始，我會把整本教科書翻譯成日文，但這麼做，無論給我再多時間也不夠用。

◉不必整本精讀，就能掌握論點

慢慢地，我發現自己不必看完整本教科書，只要看各章的標題和最後的結論，就能夠把握大致內容。看標題就能知道文章的內容是針對什麼而寫，再看書籍的最後部分，就能夠知道作者的結論，**如果發現重要的部分就劃上星號，再回頭去尋找書中關於重點的部分，集中閱讀**。用這樣的方式，讓我應付課業游刃有餘。

我認為這個技巧也可以運用於考試時。英文科考試，因沒時間將長篇文章從頭看到尾，所以先看問題再回到本文裡，尋找出現該問題的段落來回答。

看書亦是同樣道理，**只要能夠正確找到重要的段落，就能理解整本書**。我認為只有書評家才有必要將一本書從頭到尾看過一遍。其實無論哪種書籍都是如此，看完200頁之後，只能記住一部分。如果認為一整本書沒有完全看過就不算是看書，或許要先改變自己的閱讀習慣。（不過，當然希望讀者能從頭到尾看完本書的內容，因為每一章都是精華重點！）

◉作者介紹，有助釐清書中焦點

我在選擇書籍時，會先閱讀作者的個人介紹，這樣就能知道作者的專長是什麼，進而看出作者關注的問題、焦點，以及他在專門領域所主張的意見是什麼。至於在選擇書籍時，作者是否為知名人士，並不在我選擇的考量裡。

從個人的介紹，可以清楚理解作者是站在什麼立場講話。舉例而言，就算是經濟議題，比方說通貨膨脹目標制（inflation targeting，以一定的物價上升率為目標的金融緩和制度），贊成和反對的專家都有。反對派通常和日銀有一定程度的關係，這些作者的立場可視為是替日銀發聲。如果不知這樣的背景，將書中內容囫圇吞棗，恐怕只會獲取偏向某個立場的知識。

◉與書名相同的章節，常是重點

瞭解作家個人的介紹後，我會瀏覽目錄，只看作者主張的那幾個項目即可。找出與書名相同的章節或標題，通常這就是該書最重要的部分；只要集中閱讀這些內容，或是選擇自己有興趣的部分閱讀即可。

一本書最重要的章節，通常在書籍的前半部，如果真的沒有時間細看整本書，可以先把前半部看完，後半部簡單瀏覽，待日後有空再仔細翻閱，也不失為一種辦法。

不管哪一本書，都不可能整本都是重點，各位必須培養「判斷力」，判讀該書的核心章節及不重要章節，否則很難達到大量閱讀的目標。畢竟，想實現6倍速工作的夢想，效率和速度缺一不可。

提示 31

看書之前，先熟讀作者的個人經歷。

方法 4

雜誌，利用空檔時間「站著看」

隨著網際網路的普及，資訊的蒐集手段，也漸漸的從紙本改為網路為主了。我因為個人工作關係，為了即時得到經濟相關訊息，訂了日經新聞和日經產業新聞，平日的新聞大都透過網路掌握。我不聽收音機，也不太看電視。

◉用網路新聞掌握即時資訊

即時新聞所向披靡，早報上的消息通常是前一天發生的事，其實已是舊聞。透過網路就可知道現在這個瞬間，世界各地所發生的事件，這種速度感是其他工具難以匹敵的。我會透過網路掌握新聞訊息，如果世界某地發生大事件，金融市場也可能出現連動變化。世界的潮流隨時在改變，必須不斷掌握最新訊息才行。此外，如果閱讀財經雜誌，可以瞭解世界潮流，像《週刊鑽石》、《週刊東洋經濟》等主要的財經雜誌，也是我主要定期閱讀的刊物。

◉看當月主題和目錄，就能了解最新趨勢

不過，我在看雜誌時，與其說是閱讀，倒不如說是瀏覽。我去超商或書店時，會順便拿起財經雜誌翻閱，換句話說是站著看。站著看雜誌不是為了省錢，而是雜誌內容只要掌握大概就夠了，通常我只看當月號的主題和目錄，就能大概理解最新的趨勢和內容。

但相反的，我不會為了翻閱雜誌而特地去超商，通常是到超商購物時，順便站著看10分鐘，利用一天當中的瑣碎時間。如果發現有雜誌的內容是我想要的話，我就會花錢買下那本雜誌。比方說貿易的成長率、GDP、各產業的成長率或行銷規模等，光站著看很難把這些零碎的數字背起來。**當雜誌的內容是可以使用的資料，我會掏錢買下來。**

基本上，**翻閱雜誌的目的，是為了獲取大範圍的資訊**。如果從雜誌裡發現了想要進一步探討的主題，我會買好幾本書籍回家閱讀——這也是善加利用時間的訣竅。

光看目錄就能瞭解內容的讀物不只有雜誌，只要約略看過報紙的標題，大概就能掌握各大報紙的報導內容。最近在Yahoo的網頁上，也能看到早報標題，接收網路上即時新聞時，也可以省下翻閱報紙的時間。

◉「新資訊」最好來自於不同媒體

資訊，要從多種不同的媒體取得，這是一項鐵律。只看報紙或是電視的人，只能獲得狹隘的資訊，而且觀點會偏頗。網路的資訊的確良莠不齊，但在這當中卻藏著很多大媒體沒報導的珍貴資訊。

想蒐集準確度高的資訊，就必須**具備廣泛蒐集資訊、判斷資訊正確性的能力**。而在這個過程中，也能鍛鍊思考和邏輯力。如果只是一味地消極接受訊息，就無法以自己的頭腦去思考和判斷。

提示32

多看雜誌、網路，用最短的時間，取得最新最廣的資料。

方法 5

「聊」出工作場合的好關係

話題的豐富性，影響與人溝通、交流的進展。就算在商言商，也沒有人會劈頭就直接談起合作方針，基本上都是以「閒聊」的方式開始，那麼，聊天的題材從哪來？

◉ 聊天，是贏得好印象的第一步

有關季節的話題是最常聽到的：天氣熱、天氣冷、雨還要下多久……，氣候是最簡單的共同話題。

然而這個話題實在過於單調，有些時候未必能有效地掌控氣氛。如果對方只冷淡地回答一句：「嗯，對啊。」，那麼對話很難再繼續下去。而聊天的話題若不能引起對方興趣，容易給人留下不好的印象。

◉善用「運動話題」，炒熱聊天氣氛

因此，平日最好留意一些引起社會騷動或是具有話題的時事。我最推薦的話題是運動——運動項目繁多，不管是最普遍的棒球，還是近幾年來開始風行的馬拉松，永不退燒的籃球……等等，都是極佳的閒聊開場白。

美國人向來喜歡棒球和美式足球，近年來不少棒球選手到美國職棒發展，因此和外國人聊天時，這自然成為共通的話題。

世界盃足球賽期間，無論到哪個國家，完全不愁沒有話題。如果提到客人支持的球團或隊伍，肯定會炒熱聊天的氣氛。有時從對方支持的球隊，就能知道他畢業的大學或是家鄉，能聊的話題會越來越多。

你不需要熟知每一項運動的規則和技巧，**只需瞭解幾個最普遍的運動賽事**，這些知識在聊天時將會非常有用。

◉對產業幾大龍頭，要有基本認識

拜訪之前，對於客戶投身的產業，需具備基本知識才行。如果不瞭解該業界的幾個龍頭企業，與顧客聊天時可能會出現阻礙。

與其漠然地問對方：「最近景氣如何」，倒不如具體地問：「最近天然能源的相關需求大增，應該接到不少訂單吧？」這樣發問，會讓對方比較容易回答。**只要能點出關鍵語，就能找到自己與對方的共通點，增加話題的豐富性。**如此一來，想進一步談生意也比較簡單。這一點是商場上的「基本原則」，無論身在哪個國家都一樣，可適用於任何地方。

提示 33

別說「最近景氣如何？」，先問「昨晚的比賽你看了沒？」

方法 6

合作對象也可能扯你後腿，小心慎選

我要再次強調，資訊是工作上最大的武器。**缺少資訊情報，就像徒手上戰場。**

◉了解公司背景，直接看「財報」最準

我在路透社和湯姆森金融公司上班時，在與合作的企業簽約之前，一定會先調查該企業的信用情況。信用調查不是我的工作，而是交由公司內部專責的單位。

想要瞭解一家企業的狀況其實不難，可以透過《企業四季報》等管道確認該企業的經營狀況，或是委託帝國Data Bank、東京商工調查等專門從事信用調查的機構。我在自立門戶之後，也保有這個習慣，對於對方所給的資訊不會照單全收。

如果對方是上市企業的老闆，我會翻閱該家企業的財務報表，例如：去年的財報、當年所發表的IR（針對投資者的公關活動）等。確認該公司是否賺錢？有多少負債？如

果企業業績低迷，是什麼原因導致營業額下降？自行分析這些資訊。

經過上述的調查作業後，我才跟對方見面。如果不這麼做，我完全不知道對方來訪的目地。商務人士本來就很繁忙，做為公司代表更是忙碌。想在有限的時間內，瞭解對方真正的意圖，進而挖掘商機，就應該蒐集資訊，至少掌握初步的狀況後，再進一步協商合作事宜。

實際上，我曾經遇到某位應徵者宣稱自己畢業於哈佛大學，結果調查那個人的履歷後，發現根本是騙人的。或許有人認為，如果對方是個有工作能力的人，這不過是謊報學歷或經歷罷了。但是，**會說小謊的人，肯定也會撒大謊**。如果只是單純見面聊天就算了，若要一起工作，可就要另當別論。

關注對手的臉書和部落格

我在工作場合與人見面，或是與某公司的代表會晤，事前會盡可能透過網路進行調查。除了對方的姓名、公司名稱、學歷等，綜合手邊資訊，以多個關鍵字組合在網路上搜尋，然後蒐集與該位人士相關的評價。或者直接詢問身邊熟悉該他的同學或友人，**從**

熟人口中所獲得的資訊，可信度高。

我也曾經瀏覽對方的部落格、臉書和推特，瞭解這個人的過去。就算有整年份的資訊，我也會全部看過。這麼做當然很花時間，但這些都是對方親筆寫的，可以藉此瞭解他對於工作的想法、個人興趣或私生活；雖然花點時間，但可以獲得相當多的情報。

前述做法不僅適用於經營者，在企業服務的上班族也該如此。在這個資訊爆炸的時代，對所有資訊照單全收是很危險的事。即使是頭銜不小的人物，也可能是詐欺犯。如果跟糟糕的人打交道，恐怕會傷及自己的信用。無論是工作或私領域，都應該慎重選擇往來的對象。

提示 34

競爭對手的臉書，每天都要追蹤。

方法 7

研討會不是出席就好，記得收集業界第一手情報

想要以6倍速工作，必須磨練與工作相關的專門知識，而掌握業界動向也是重要的技巧之一。

◉儘量參加公司介紹的研討會，確保品質

直接問最懂的人，當然是最快的方法；除此之外，我也會積極參加各種研討會。然而研討會的素質良莠不齊，即使是需要付費的研討會，也未必值得信賴，我參加的研討會，通常是由公司介紹的。

當上班族想重拾書本唸書時，最感到不足的部分，就是沒錢、沒時間。如果想要學點什麼，首先要考慮採用何種學習工具。

有些公司會主動分發關於金融或外匯研討會的介紹，研討會的內容大都和大家的實

際工作內容有關。由於是透過公司介紹，比較容易取得研討會的講師、內容等資訊，還能向曾經參加過的同事詢問意見，事先蒐集相關訊息。

一次要繳交數萬元參加費的研討會，如果自家公司正好是會員或贊助商，參加費可能會便宜一點。通常，我的公司會幫員工支付參加費，而研討會大都在平日的晚間舉行，我認為這是業務的一環，會在工作途中暫告一段落，特地抽空參加。

◉設法與同業和講師建立人脈

這種經過嚴選的研討會，通常可以聽到業界的最新動態。信用衍生工具（credit derivative，將企業等的倒閉風險金融化商品）剛出現的時候，我就在研討會上首次聽到相關商品架構和實際商品。參加這種封閉型的研討會，不但可獲得最新的第一手資訊，甚至還能聽到幕後秘辛，因此頗有參加的價值。

我會參加少部分的研討會，不但能在短時間內有效率學習，同時可以蒐集到公司內部人士還不知道的最新資訊。一旦在公司裡營造出「相關資訊去問石塚」的印象，更能強化自己在公司內部的存在價值，這也是讓自己成為「不可或缺的人才」的一項手段。

參加研討會的另一項優點是，**有助於保持同業之間的人脈關係，如果有不知道的地方，可以彼此交換資訊。與講師級的人士彼此交流，更是創造人脈時不可欠缺的技巧。**

◉針對研討會所學內容做筆記

既然參加研討會的費用是由公司支付，千萬不要忘了這是工作的一環，要把研討會的內容做成筆記保存起來。如此一來，現在獲得的資訊，將可以在未來運用。我的原則是：**能用的東西要盡量用，發揮它的最大功效，這才是最有效率的做法。**

提示 35

研討會的素質良莠不齊，慎選參加才不會浪費時間和金錢。

方法 8

臉書、部落格，不只有閒聊的功能

最近幾年，常有人說不善用推特或臉書的人，無法在職場上與人競爭。很多人認為在外商公司第一線工作的我們，早早就該使用這些工具——這種想法並不正確。

◉上社交網站，不是為了攤開私生活

我直到最近才開始上臉書，推特也不過是試著留言的程度。我認為，**若沒有目的性，使用這些SNS（社交網站服務）是毫無意義的。**

如果是學生的話，在臉書上「告知自己的一舉一動」，與朋友交流或許很愉快；但社會人士在臉書上聊自己的私生活，恐怕不會有人回應。如果你的臉書上，沒有值得一看的訊息，老實說根本不會有人看。

我看到有人在臉書塗鴉牆上，反覆和自己的追蹤者道「早安」、「晚安」，這樣的交流，完全沒有意義。除非是知名人士，否則沒人對你的私生活感興趣。想讓你的臉書或部落格持續被關注，**除非分享有用的資訊、或是你有強烈個人特質。**

我曾經經營與部落格有關的公司，當時曾經開設了社長部落格。在部落格的人氣排行榜上，上升到全站排行50名，對於打開知名度，臉書、噗浪、部落格，的確是一個很好的平台。

如果你不是名人，沒有目的性，就無法提供使用者想閱讀的訊息。想向消費者推銷自己的公司或自家商品時，使用部落格或粉絲團就有意義。如果是個人事業，或許會對開拓事業有幫助，可以達到宣傳的目的。如果不是上述情況，沉迷其中只會浪費時間。因此，**即使周遭所有的人都在玩，也沒必要感到焦慮。**

◉ 比起按讚，不如面對面交流

與其花時間在網路上與不認識的人你來我往，倒不如參加異業交流會，與他人面對面交流，這樣更有意義。

這種網路工具有優點也有缺點。**如果你有明確的目的，自然可以好好的利用；若單**

純為了跟流行，我覺得要善用這些工具並不那麼容易。

不過，我有幾個會定期閱讀的部落格和推特，例如柔道選手野村忠宏的部落格，他不但達成奧運三連霸偉業，至今仍在柔道的世界裡努力，儘管現在沒有當年風光，但他克服受傷和手術的障礙，堅持不懈的毅力，深深地打動了我。

像這種有實際作為、不斷打拚的人，不單因為他是名人才有眾多追蹤者，也因為他的正面人生觀和積極的態度，才能獲得大家的認同。這種會讓自己成長的部落格，花點時間多看看，對自己的成長會有很大的幫助。

提示36

如果沒有明確的目的，按讚留言只是浪費時間。

方法 9

專家才知道：把mail草稿匣當備忘錄

想要工作有效率，必須有效率地整理平日中蒐集而來的資訊，這一點非常重要。換言之，你要妥善保存來自各種管道的情報。

最近有越來越多的上班族，在「dropbox」的網站上申請私人專用的雲端硬碟，用它來保存檔案。這個方法的好處是，無論在電車上或咖啡廳裡，都可以利用手機檢索或儲存資訊——但我沒有使用這項服務。

我習慣以「郵件軟體」來保存資訊：把筆記存成mail的草稿，放在草稿匣中當成memo來使用。

◉訊息分類，依照時間和進度

例如，目前有一份正在進行的企畫案，如果想到新點子，我會把想法化成文字，打在郵件的草稿區裡加以保存；如果有變更事項，就直接打開草稿區裡的郵件更新。

等儲存一定數量的草稿後，我會分成不同資料夾來管理——「尚未結束的工作」、「未來7天內的工作」、「超過期限的工作」、「已經結束的工作」等，**配合工作進度分門別類**。如此一來，我如果想知道與A公司正在進行中的相關事情，立刻就能找到需要的資訊。

◉隨時更新，並轉寄備份

再者，草稿區裡的郵件也可以傳送到自己的私人mail，如此一來，這些資訊就能保存在電腦的郵件軟體及網路裡，更為保險。

當我的**腦海裡閃過任何想法，便會逐條地寫在郵件的草稿裡**。如果是郵件的草稿，無論在飛機上或電車裡，隨時都可以輸入。如果這份資料必須和其他人共有，只要輸入對方的信箱地址就可直接傳送，非常有效率，我很喜歡這樣的方式。

◉草稿式備忘錄，輕鬆檢索和共享

如果在會議中，突然想到「我現在想引用哪份資料」，當下只要以筆電或智慧型手機打開郵件軟體即可，能更有效地使用儲存在草稿匣的資訊。

有些私人mail平台具有檢索的功能，如果不知道自己想要的資訊儲存在哪個草稿裡，也可以透過「檢索」打入關鍵字後輕鬆查出。

如果馬上要使用這個資訊，郵件可以存留在草稿區裡，或傳送到自己的手機。有空的時候，我經常利用手機，重新審視自己傳給自己的郵件內容，如此一來可用資訊就不會忘記，立刻能派上用場。

◉連CIA都在用的效率筆記術

去年美國CIA一位高層因婚外情曝光而辭職，他與情婦的聯絡方式在當時引發話題：原來他們倆在Gmail裡以假名開設帳號，而信箱的帳號和密碼由兩人所共有；彼此相互聯絡時，他們不會發送郵件，而是存在草稿區，讓彼此閱讀。婚外情曝光的原因，很多時候是因為手機裡的郵件被另一半看到，但這項方法，家人看到的可能性很低，真不愧是在CIA服務的人。據說，恐怖份子也採用這樣的方式，這是一個超強的資訊保管方式。

所有寄送到我公司信箱的郵件，都會自動傳送到我Gmail信箱裡，然後再從Gmail傳到我的iPhone手機。如果電腦故障，還可以從Gmail裡尋找。再者，把公司信箱設定在手機上，可以在第一時間接收。

我從出社會開始，幾乎所有的文件都以紙本為主，將檔案分類管理。不但分量驚人，要隨身攜帶也是一大工程。現在，資訊可以儲存在電腦裡，不需再影印出來。

像我這樣利用郵件草稿也是一種筆記方式，dropbox也是近幾年來的熱門選項。**找到適合自己使用的資訊儲存方法，就能有更高的工作效率。**

提示37

利用郵件軟體儲存資訊，具有管理、共享、檢索等好處。

第 5 章

第1秒就抓住人心的名人簡報術

重點 1

你要說服的對象，不是聯絡窗口

我絕對不會忘記進入湯姆森金融公司，第一次在顧客面前進行簡報的往事。

我將簡報用的資料準備得相當齊全，要發表的內容更事前反覆練習，我自認為準備周到，就等待當天的到來。那一天，我在某銀行負責人的面前，鉅細靡遺地推銷公司的產品。

詳細解說的簡報，不及格

我當時認為「自己的表現非常棒，顧客一定會很想購買我們的商品」。但顧客的反應出奇冷淡，只是淡淡地說：「這是個很棒的商品，我們會好好研究。」

這一切，我當時的上司西先生都看在眼裡。當我們踏出對方公司的瞬間，他突然叱責我：**「你到底在做什麼！將商品內容講這麼詳細，所有人都一臉無聊的表情，你沒注**

意到嗎？」

既然是商品說明的介紹，為什麼不可以仔細介紹商品呢？當時我無法立刻理解西先生生氣的理由。

◉勾起客戶的興趣，才拿得到訂單

為了讓我完全明白，西先生仔細分析給我聽。假設某件東西有100項功能，如果把每項都逐條向顧客說明，對方會無法掌握重點；況且，如果這100項裡有對方不需要的功能，反倒會產生負面效果，讓對方覺得「這個東西我不需要」。所以，只要聚焦在對方想要的功能上，集中說明即可。

進行簡報的同時，**必須觀察客戶的情緒，不要光是嘴巴說個不停，而要掌握對方的反應，從中找出可以「勾起對方興趣」的重點**。找出對方有興趣的部分，接下來就是進行價格的交涉——西先生的建議，給我當頭棒喝。

◉方便窗口直接將資料呈給高層

之後，西先生親自示範給我看，他做的簡報非常精采，確實足以誘發顧客的購買慾望。西先生這麼告訴我：「**讓窗口的工作變輕鬆，是簡報的重點**，出現在我們面前的負責人，他想要的是什麼樣的商品？就算負責人對我們的商品感到興趣，但他還是得先將商品資訊彙整，向主管報告。這麼做，對他們來說肯定非常麻煩。既然如此，我們就得想想看，有什麼方式可以讓對方簡單地稟告上級。那就是負責人直接將我們給的資料拿給高層過目。這麼一來，一定可以拿到訂單。」

直到現在，這個想法仍是我工作上的判斷基準。

◉一開始就以打動「高階主管」為目標

對企業進行簡報時，一定要強調該項商品對企業的好處。但在推銷商品的場合裡，會來聽簡報的，通常不是位居要職的管理高層，頂多是主任或課長等級，部長以上的高階來參加的情況，可說相當少見。

如果眼前這位負責的職員認為不需要這項商品，恐怕不會向他的頂頭上司報告。因此，要如何讓眼前這位負責人心動呢？

基本上，業務負責人不會在聽完簡報的當下做出決定，而會等待高層的判斷。換句話說，簡報要打動的，不只眼前這位負責人，還要顧慮比這位負責人高2階的主管。如果與自己接洽的是現場負責人，那麼他還得去跟課長商量，由課長再去跟部長商量。如果接洽人是部長，部長得去跟董事商量，董事再去跟社長討論。在企業裡，都常都是高階主管才有決定權，如果一開始就以打動高階主管為目標，工作進度會快一點。

部長想知道的，自然是利用該商品後，能為他的部門帶來多少利益，或是與投資報酬率有關的資訊。因此你的簡報中，只要強調這幾點即可。

◉同樣邏輯，可應用於職場上的溝通

這一點，在簡報以外的工作亦是如此。例如：如果想反應自己工作太多，需要增加人手，就算強調自己的工作量有多少、每天多晚下班、加班超時……恐怕沒什麼效果。「再這樣下去，恐怕會造成客訴。這攸關公司的信譽，恐怕也會對部門的業績造成傷害。」若以上述理由「影響公司營收」的層面來說服，管理階層的接受度就會大增。
說服的方式，要視對方的階級而調整。

提示38

進行交涉、談判時，要說服的對象不是窗口，而是高他2個位階、可以下決定的主管。

重點2

簡報中，「數據」和「肯定句」是說服的2大技巧

我想每個人應該都聽過政治家們在選舉時聲嘶力竭、以強烈的字眼高喊「挽救經濟！」，但在接受質詢答辯時，大多政治家卻只能閃爍其辭，按著擬好的草稿回答。他們在選舉時為了勝選使盡渾身解數，在答辯時卻像在處理日常業務般簡單了事。這些政治家們在國會殿堂上，照著草稿字字斟酌、小心翼翼地朗讀，儘管文章順序和內容都經過審慎斟酌，卻少了對聽者的訴求。

◉「用自己的話」才能感動他人

賈伯斯和孫正義是有名的簡報高手。他們的簡報，到底和政治家有何不同？關鍵在於他們「用自己的話」來說明。

政治家的草稿大都是幕僚所擬定，擬定一篇沒有錯誤的講稿，本來就是幕僚們最擅

長的工作之一。為了避免引發後續問題，講稿裡通常會避免使用肯定句型，而採用較為模糊的說法，同時不會清楚地說Yes或No。

但這種做法卻讓民眾難以理解，該位政治家到底抱持怎樣的理念？是基於何種想法來實施該項政策？政治家的人品也難為外人所瞭解。

相較之下，**賈伯斯和孫正義都是以「自己的話」來描述他們的願景，包括他們所追求的目標，以及為了實現目的的做法**。賈伯斯在美國史丹佛大學的畢業典禮上，談到自己的出身，從自己的罹癌談到人生觀，他還送給了畢業生他的座右銘「Stay hungry, stay foolish.」（求知若飢，虛心若愚）。孫正義在股東大會上以「完成資訊革命」為題，預測300年後的未來。談話中充分表現個人魅力的兩人，他們的演講和簡報一次又一次地打動人心。

但是，並非所有人的魅力都能與這兩位天才相比，我們也沒必要模仿他們，我希望大家能以「自己的話」來表達，而不是上場時死板地照著講稿念給大家聽。

◉要讓客戶感到明白，而非厭煩

其實在簡報時，如果對方聽不懂的話，根本沒有意義，因此，你必須把簡報加入「故事性」。舉例而言，如果要說明公司的商品，從自我介紹或公司的歷史開始講起，可能短短幾分鐘聽者就感到厭煩了。在此，傳授大家石塚流的簡報技巧。

在說明事業計畫時，首先我會透過「任務前言」，將業務的目的明確化。這個前言代表該項專案的目標，同時也讓大家能有朝共同目標邁進的意識。接著，**我會為每個專案取標題**。例如：「世界的○○○」等，這種大標有助於提升期待感，並再次明確指出目標。

下一步要**說明計畫內容**，讓大家知道這項計畫具有何種意義。如果單純說要「開拓新業務」、「讓全國分店增加多少家」、「提高兩成來客率」，這些空洞的說法和目標無法勾起眾人的興趣。最好是具有社會意義的大標題，尤其要讓企業領導人感興趣。

◉數據能幫助客戶理解和想像

再者，**一定要有詳細的數據**，這是對方最想要知道的資訊。**有數據才能讓對方瞭解，該事業進行時，能產生多少利益、會花費多少成本**；例如PL、損益表即能說明上述這兩點。

所謂PL，是指某項事業開始時預估的獲利，以及必須投入的費用，進而計算出純益（如果是赤字就是純損）的計算書。

至於損益表，通常用來表示該企業或事業目前運作的報表。我會把報表用於簡報裡，藉此預測新事業成立之後的營運狀況。我習慣預測公司會在3年左右開始賺錢，報表裡除了營收的獲利數字外，還有銷售管理支出的人事成本、通訊費、行銷或商品開發費等細目，都要逐條標示，從中算出獲利。

要預測到這麼深入的細節，必須在腦海裡模擬實際的營運狀況，不光只是紙上談兵，而要**讓對方認為這是個可行的事業計畫**。雖然是個麻煩作業，但絕對要放在簡報裡，要是少了這部分，說服力會差很多。

◉在最短時間內達到預期效果

如果有時間的話，還可以把事前進行的問卷調查結果，或與簡報內容有關的動畫放進報告中。一般我們所進行的簡報，並非像孫正義或賈伯斯那樣要在眾人面前演講，所以無須過於華麗。

在公司內部或對廠商進行簡報時，只要做到最低限度就可以。**強調重點、盡可能排除多餘的資訊**，如此一來，簡報內容不但精簡、緊湊，而且更具有說服力。**所謂簡報，並非時間越長就越好，最好能在最短的時間內達到預期的結果。**

> **提示 39**
>
> 簡報時，不可以照念內容。明確標示出專案目的及名稱，用相關數據增加計畫的可行性。

重點 3

簡報的重點是內容，不是花俏的版面

口頭簡報有兩種順序：第一種是一開始就提結論，「由上而下」的方式（top-down）；第二種是最後才提結論，「由下而上」的方式（bottom-up）。

◉報告方式有兩種：從「結論」說、從「背景」說

❶「由上而下」的方式：**是從結論開始說起，簡潔說明支持結論的根據**。由於聽者一開始就得知結論，這種方法給人安心感，**還能簡潔傳達重點**。只是對方尚未決定要不要購買商品，就先知道結論，有時會因對方或當時狀況的不同，容易引發誤解。

❷「由下而上」的方式：**是先從背景資訊開始說明，提出各項數據，引導出結論**。這種方法的優點在於**說明仔細，不容易引發誤解**，但相對地，缺點在於需要花較多時間才能講到結論，有時會因為對方或當時狀況的不同，聽者難以聽到最後。

外國人比較喜歡從結論說起的方式。至於日本，最近年輕人做簡報時，從結論開始講起的情況也變多了；但年紀較大的上班族，大多數人還是習慣將結論放在最後才說。**我的做法是一開始就講結論，然後說明背景資訊，最後再次強調結論。**

◉太多「條列式」內容，反而抓不到重點

「敵人就在PowerPoint裡？美國將軍點出PowerPoint的缺點」，一個聳動的標題，出現在「紐約時報」（2010年4月26號）上。美國將軍看到下屬以PowerPoint製作出交錯複雜的圖表後，決定禁止使用PowerPoint。

PowerPoint的問題不是出在錯縱複雜的圖表，而在於報告者以條列方式來做說明。任何事件都有許多背景或緣由，層層相扣形成大致的架構。如果以條列的方式寫下，就會把關連的部分切斷，看起來就像片面資訊。

的確，當我看到以PowerPoint進行簡報時，經常聽到「在此有3個重點」、「這裡最重要的有5點」這種說法，**不斷以條列式來說明的人相當多。乍看之下或許很容易明白，但看完之後，很難留下任何記憶。**

◉掌握幻燈片製作流程，避免冗長

豐田汽車也要求員工不要使用PowerPoint，理由除了「影印張數過多」、「彩色影印也是一種成本的浪費」外，過於依賴PowerPoint的弊病也被指摘。豐田社內的簡報，要求報告者得將內容的起承轉合簡潔地濃縮在一張A4紙上。**PowerPoint是一個簡報工具，重點在於製作的過程。**

製作簡報資料時，流程如下：**決定「主題」↓蒐集材料↓決定說的順序↓製作幻燈片（資料）。**

如果沒經過這樣的流程就開始製作幻燈片，簡報容易過於冗長，還會令聽眾難以掌握內容。

舉例而言，為了新事業的成立進行簡報時，最重要的兩點就是「成立什麼樣的事業」、「新事業的成立會有什麼樣的好處」。但是，冗長地介紹公司業績、詳細地分析社會情勢，這麼做等於太過重視配菜，反而讓主菜無法留下深刻的印象，這就是失敗的簡報。

力求「充實扼要」和「引人興趣」

要做好簡報，首先得決定簡報的主題，想清楚哪些內容能引起對方的興趣。當內容集中之後，接下來是蒐集材料。

如果想要推銷商品，有關日本人口、男女人數比例、嗜好等背景分析，或針對休閒活動進行調查，都是必要的。如果要賣的是飲料，不同年齡層喜歡喝哪些飲料？如果是酒精飲料，喝的又是哪些族群？通常都在哪裡喝？這些問題調查都是事先做到。若有展店計畫，每天經過的路人流量、年齡層、男女比等，以及該業界的動向、其他競爭同業的資訊等，也不可缺少。

在簡報裡，通常不需將所有資訊解釋得一清二楚，只要在一開始報告時帶過就可以。其他資訊就當作備案，以備對方發問時回答。接下來，你該決定口頭報告的順序。

不必過於花俏，內容才是焦點

只要上述環節一一確定之後，即可開始動手製作幻燈片（資料）。一場集中重點、內容清楚易懂的簡報，自然無須製作過多的幻燈片。

製作幻燈片時需要注意一點，有些人會使用少見的特別字型，也有人會過度使用圖解，這種過度重視表面功夫的人很多。可是，**簡報內容才是最重要的焦點，你要做的並非花俏的資料，別在不必要的地方浪費時間**。準備一份簡報恐怕得花上好幾天，想要以6倍速工作，像這種簡報準備作業，必須在最短的時間內完成，這才是要點。

提示 40

蒐集簡報資料時，先仔細思考「題目」、「素材」和「順序」。

重點 4

固定「簡報格式」，節省思考時間

每當有會議或簡報，需要製作企劃書、計畫表時，都要從頭開始思考的話，會非常沒有效率。無論是何種用途，簡報的核心是不會改變的，因此你可以固定自己的格式，每次簡報時只要套用稍微修改即可。

◉石塚流簡報格式，13張就搞定

我製作簡報時，會用以下格式，固定在13張簡報內，就能清楚說出主題和重點。

【第1張】內容摘要

文件（書面文件）是什麼樣的資料，以什麼為目的，將這些重點濃縮在一頁裡。這是為了工作忙碌，無法看過所有資料的人而準備。

【第2張】任務前言

用來說明即將展開的新事業理念或事業背景。必要的話，可以概略記載公司的地址、電話號碼、代表人或負責幹部的姓名。

【第3張】組織圖

該項事業或專案，在公司內位於什麼樣的位置，透過組織圖可一目了然。如果是到公司以外的企業做簡報，這部分可以省略。

【第4張】業務模型

主要說明將會如何開拓業務、讓營業額上升，這部分說是簡報的重點。

【第5張】客層市調

具體說明該項事業的主要客層。

【第6張】行銷計畫

針對推出的服務或商品，要如何開拓市場（包含廣告在內），還需說明銷售戰略。

【第7張】與同業相互競爭的服務

說明在開拓業務之際，會以怎樣的店鋪或服務去和其他同業競爭。這部分要觸及的不只有現在的競爭，還要假設未來的競爭業務。

【第8張】定位

說明該項業務在市場裡，處於何種位置。舉例而言，如果是在流行服飾產業的話，會以X軸、Y軸的圖表（笛卡爾座標）來呈現；X軸是以低價到高價排列的價格軸，Y軸代表流行款、基本款等設計傾向。從該項圖表就可一眼看出新事業位於哪個位置。

此外，也可進行SWOT的分析。所謂SWOT分析，是用於評價該項專案達成的強度（Strengths）、弱度（Weaknesses）、機會（Opportunities）、威脅（Threats），是幫助企業擬定戰略的好工具。

【第9張】商品或服務說明

說明商品的特色、與其他商品的差異性。

【第10張】商品價格

商品價格、單價率等。

【第11張】銷售預測（使用圖表）

這張非常重要，用來說明預估的銷售額、利益等願景。

【第12張】成本分析

包括商品開發費用、人事費用、運輸費用、租賃費用、通信費用、庫存費用、差旅交通費、消耗品費用、雜費等成本，可利用幾張圖表來說明。

【第13張】損益表

利用Excel軟體，製作收益支出的平衡表。

◉善用瑣碎時間，構思簡報內容

只要使用上面的13張簡報格式，就不會漏掉必要的資訊，同時也能掌握執行的大方向。至於頁數部分，有時候成本分析或損益表可能需要較多張來說明，但整份簡報應該可以控制在20頁之內。

為了實現6倍速工作，你應該盡早確定自己的簡報格式——當然，歡迎大家先用我的13張格式當範本。不過**製作時無須坐在電腦前思考，而是利用空閒時間來想，提高時間的使用效率**。

提示41

確定自己的簡報格式，不用每次簡報都要從頭開始想。

通常我會利用通勤的移動時間，先把內容概略地寫在紙本記事本裡。例如決定口頭報告的順序，以及每頁幻燈片所要填入的資訊，這部分可以利用瑣碎時間來完成，然後一一輸入電腦裡，最後排列順序即可。希望我的簡報格式能提供大家做為參考，製作出自己專屬的簡報格式。

重點 5

好的簡報，要包含「危機處理」的對策

近年來，要求「企業責任」的案子越來越多。就算服務或商品本身沒有問題，卻被追究責任的個案有很多，打火機就是其中一項。

打火機這項商品本身沒有什麼問題，但因為小孩玩打機引發火災的事件層出不窮，因此就連小孩也會使用的打火機，已經被禁止販售。美國在19年前針對兒童使用打火機的情況定出規制後，小孩玩火的情況銳減，如果能夠參考美國的做法，應該可以防止最糟的情況發生。

◉讓客戶知道：危機早在你的評估中

寫下危機時的因應對策，是每個商場人士為了自保所不可欠缺的。進行簡報的時候，這一點也要十分留意。不光只是講好的一面，最壞的情況也必須提出才行。

因為對方也會想知道，一旦該項計畫失敗，情況會怎樣，或者會帶來什麼樣的風險，這些**負面資訊也是客戶想要知道的。如果能夠事先說出來，同時提出解決對策，可以消除他們的不安。**

簡報是「說明」，不是「推銷」

如果只是強調好的一面，反倒會令對方覺得不安——真的有這麼好的事嗎？一般電視廣告或平面廣告，只會說商品好的一面，但簡報是一個用來「說明」計畫或創意的場合，無需在這個時候強行推銷。

如果不在一開始就先說明負面資訊，之後可能引發問題，最糟的情況是引發訴訟。「沒有聽過這種事」，如果對方有這種反應，更容易造成糾紛。只要產生一次糾紛，為了解決紛爭所耗費的時間和勞力是很驚人的，好不容易建構的人際關係也可能成為泡影。**想要朝著6倍速工作邁進，「事先防範於未然」是極為重要的一環。**

先說最糟狀況，客戶會更信任你

事先告知負面資訊，能強調自己的誠實，讓對方產生信賴感。告知最糟的情況，同時給予對方許多選項，可促使對方深入思考，簡報內容將會更清晰。

舉例而言，一旦事業成功、獲得極大利益，企業價值也跟著提高。如此一來，很有可能擴大事業規模，甚至可以用更好的條件出售。相反地，如果利益無法增加的話該怎麼辦？還可能會售出嗎？如果可能，買家會是怎樣的對象？對方會出價多少？……如果可以消除這些讓人不安的疑問，對方會更願意著手研究可行性。

聽到最糟的情況，對方肯定會將風險及利益放在同一個天平上評估。任何事業都有其風險，**只要能知道如何降低風險，那麼進軍新事業的門檻也會變低。**

提示42

為了避免因糾紛而浪費時間，負面資訊也要說明。

重點 6

講太快、聲音小，簡報內容再好也會扣分

進行簡報時，任何人多少都會感到緊張。即使身經百戰的我，到現在也還是會緊張，因此事前會再三確認自己想要表達的內容，並念出聲來練習。我有時得到國外出差，向總公司報告日本市場的現狀，這時我都會在下榻的飯店，不斷演練簡報的流程。

緊張，是弱點的照妖鏡

一旦心情緊張，平日不擅長的部分就會更明顯。音量小的人會說話更小聲，講話快的人會講得更快。瞭解自己的弱點，才能充滿自信地簡報。

看起來缺乏自信的簡報，具體而言就是死命唸著講稿、不看聽眾只盯著電腦螢幕說明，這樣會給人準備不足的壞印象。只顧著自己講話，完全不注意聽眾，漸漸地，聽者也會感覺到無聊。

缺乏自信，聽眾會沒有安全感

聲音太小的人、肢體語言不好的人，都會給人忐忑不安的印象，毫無信心的模樣會完全顯現在臉上。平日講話快的人，這時很容易變得滔滔不絕，緊張的樣子對方看得一清二楚，聽者自然會感覺不舒服。

這些情況說明，這場簡報的負責人看起來缺乏自信，就結果而言，也無法帶給聽眾安全感。聽眾因為太無聊而無法集中精神，自然而然很難進入簡報的氛圍，便無法清楚把主題傳達給對方。好不容易準備了齊全的資料，就算是簡報的內容流暢，也會因為報告人的緊張而前功盡棄。為了讓客戶完全瞭解，報告人必須注意自己的說話方式是否讓對方聽起來很舒服。

報告的聲音，要宏亮清晰

為此，我都採用看起來「充滿自信」的方式來說話。或許有人認為，一個人的自信會流露出來，但猶疑也會；如果老想著「要是反應不好怎麼辦」，內心會感到很迷惘。

為了不讓聽眾有這種感覺，一定要表現出充滿自信的樣子。

所謂「充滿自信」的說話方式，基本上就是盡可能大聲地、清楚地講話。如果對著會場最前排的人講話，你的聲音肯定會變小；因此**在簡報時，一定要留意自己的音量，讓坐在最後一排的人也能聽得清楚。**

◉隨時展現充滿自信的儀態

簡報時的姿勢也很重要，一旦姿勢不良，容易低頭往下看，自然很難大聲說話。盡可能抬頭挺胸，眼睛看著前方，如此一來，聲音就會變得響亮。要在眾人面前做簡報，從踏上講台的那一刻起，連「走路」都要特別注意，維持最佳姿勢。

我在辦公室裡，總會表現出充滿自信的樣子。看著大約10公尺遠的前方，走路時腳踝先著地而不是腳尖，不要發出喀答喀答的聲音大步行走，腰桿也要打直。即使只是留意自己的走路方式，也能讓人改變印象。

講話中，最好交互使用肢體動作和手勢，與其滔滔不絕地講話，倒不如讓身體也跟著動作，看起來會更加從容。雖然過於激烈的動作很不自然，但**大動作會給人一種從容大度的感覺。**

◉看看名人演講影片，學「抓住人心」的技巧

美國的TED網站上，專門發佈全球知名人士演講的影像，包括前美國總統柯林頓、前美國副總統高爾、波諾（U2主唱）、奧利佛等眾多知名人士的演講，推薦大家上網觀賞做為參考。演講的長度不一，5～20分鐘不等，有些人談到自己的體驗或從事的活動，也有人講述對上班族很有幫助的創意。針對世界和平、環境保育等重大主題發表演說的人也不在少數。簡報過程穿插了鋼琴演奏、魔術表演等，可說多采多姿。

提示43

想在簡報時充滿自信，要注意「走路方式」和「站姿」。

重點7

用「閒聊」當開場白，一開口就抓住人心

在進行簡報的時候，序言也是很重要的部分。如果一開場就能拋出吸引對方的話題，會讓台上台下產生一體感，簡報會更順利。

加入「時事」的開場，讓你的報告更有魅力

就好像相聲表演，在進入主題之前，也會有一段鋪陳。先講一些與主題有關的小故事，或是與時節相關的話題，會更容易進入主題。

簡報亦是如此，**不妨聊一些時事、運動或演藝界方面的話題，在開場時吸引聽眾，營造出輕鬆的氣氛**。我們經常聽到「幽默感」這個字眼，請適時發揮個人的幽默感，聊些有趣的話題、緩和現場氣氛。

然而，要讓聽眾發自內心的感到好笑，並不是件簡單的事，就連專業的表演者，都

會有失手的時候，我們和表演者最大的不同，在於臉皮的厚薄。職業表演者要在無數的觀眾面前獻醜，在練習時被老師或前輩叱責，因此練就一身膽量。

我們無法擁有身經百戰的好膽量，為了應付突發狀況，最好事先準備能派上用場的話題，心裡會比較踏實。例如：「去年的年度漢字是『金』，今年會是什麼呢？我認為是……」像這種自問自答的話題，可適用於任何場合和對象，最好準備一些在口袋裡，隨時豐富你的報告、演說內容。

◉緩和聽眾情緒，也是主講者的任務

即使如此，簡報內容還是最終的重點，直接切入正題也是不錯的做法。

就算一開始很順利的進入主題，也不能過於大意。要隨時注意聽眾是不是開始感到無聊，以及談話內容會不會太過艱澀。聽眾當中有人會不斷點頭表示贊同，也有人偶爾因無法理解而歪著頭思考……，留意台下這些聽眾的表情變化，仔細觀察現場的氣氛。

萬一談話過長、出現太多艱澀話題時，不妨稍微休息一下。**在艱澀的議題中，穿插**

笑話，調侃自己，很容易給人一種親近感。也能讓聽眾在休息過後，注意力再次回到簡報主題上。

不必硬擠笑點，說中要點也能過關

諾貝爾生理學或醫學獎得主山中伸彌教授在演講時，提到了iPS細胞的命名由來，據說是來自於當時非常受到歡迎的iPod和iMac的影響，於是同樣以i為首──偶爾來點輕鬆的話題轉換聽眾情緒，會比整場講著嚴肅主題，更加吸引台下的注意。

話雖簡單，但這其實是個高難度技巧，不必太過勉強，說自己能夠掌控的話題，才是最重要的。如果經驗不足，很難邊說主題、邊談笑風生。你不必因為一開始無法行雲流水地表達就氣餒，反而要記住：**即使說的話不多，只要掌握主題、重點，簡潔說明讓大家都聽懂，就算過關了。**

準時結束，讓聽眾意猶未盡

嚴守時間，這是做簡報時最基本的要求。如果只有5分鐘，就得事先準備能在5分鐘內講完的簡報架構。很多人做不到這一點，是因為事前練習不夠充分。

據我所知，許多大人物在上場之前，會看著資料實際口說一次，以掌握說話的速度、節奏和順序。我們如果不多加練習，自然難以掌握節奏，等到真正上場時就無法發揮實力，這一點務必銘記在心。

提示 44

隨時準備「笑話」和「時事」，當做簡報的開場。

第 6 章

主管、下屬都挺你的溝通技巧

技巧 1

一進辦公室，先處理「其他部門」的事

想要以6倍速工作，與客戶或公司內部的溝通是重點之一。現在很多的工作，都不是一個人就能完成的，身為公司團隊的一份子，基本上常需要和其他部門成員通力合作。

◉當溝通變成習慣，可減少糾紛

造成工作停滯的導火線，通常和發生糾紛有關，而**溝通不良是釀成糾紛最常見的起因**。為了防範於未然，平日要經常與其他部門保持溝通。

我在第3章提過，在路透社工作時，我每天早上進辦公室的第一件工作就是和其他部門聯繫。現在的企業內部溝通以電子郵件為主，但無法透過郵件解決的問題仍然相當多。有時我會以電話聯絡，但我認為直接和負責的同仁面對面交談，更容易產生信賴感。

之所以選在早上一進辦公室就先和同事們談話，主要是這個時段比較容易找到人；

而且當我固定每天上午的談話時間，對方也會習慣空出時間來與我交談。

◉ 培養跨部門協調的能力

新商品問世的時候，與行銷、業務、系統、後援等部門都息息相關，依照自己部門編排的時間表作業，一旦在細節上發生問題，該項商品的上市時間就會受到拖延。為了儘早讓商品順利上市，知道其他部門的工作進度和問題點極為重要。若能即時掌握問題，就能在危機擴大之前早一步止血。

問題發生之際，通常只有負責的部門會先知道，各式各樣的狀況往往超乎你的想像：當某部門出問題時，可能在未告知其他部門的情況下，擅自改變了商品規格；同一部門裡，可能發生同仁彼此不和；跨部門合作時，可能各以自己部門的利益為優先；某部門可能要求支付大筆成本，好讓負責的業務順利進行；業務部可能在沒知會其他部門的情況下，接受了短時間內必須完成的工作……，每家公司裡，類似上述的糾紛多到讓人應接不暇。

如果平日和其他部門有良好的溝通，當問題發生時就容易解決；再者，當自己的部

門有額外的要求時，其他部門也比較願意通融和配合——跨部門溝通的好處，不只是了解彼此的工作現況而已。

◉和同事關係不好，每天都像打仗

在本土企業裡，雖然不免為了晉升而彼此競爭，但在外商企業裡，只因「不喜歡」的個人因素，就互扯後腿、致力將對手徹底擊垮的情況相當常見。

例如，在商品上市之前必須經過許多程序，如果在上市前發現有問題，開始追究「這是誰的責任」時，經常會聽到「這是行銷部門某某人負責的，他應該要負責」這樣的說詞，講話的人不以為意地給同事冠上這種罪名。

因為這樣被欺負而辭職的人，我看過不少。所以當我的下屬陷入困境，我低著頭出現在其他部門時，曾有人態度傲慢地說：「喔，你是來賠罪的啊！」這就是上班族身處的殘酷世界。

在公司裡，你應該留意**「能輕鬆與各部門打好關係」**和**「願意敞開胸懷教導別人」**的同事，若能與這些人維持友好的關係，將有助於打破部門之間的僵局。

就算和其他部門沒有發生任何不愉快，未來你很有可能會轉調不同的部門，先一步取得公司內部的資訊，對將來的前途是有幫助的。

人際關係惡化，比交際更麻煩

日本的企業內部當然也有派系之爭，如果被主管討厭的話，無論是晉升或是工作進度，都很難有所進展。

為了不被捲入無謂的紛爭，平日的溝通絕對少不了。如果主管開口邀你去去喝酒，每次拒絕也不是辦法，頻率最好是約3次去1次。很多年輕人認為這種下班後的交際非常麻煩，**然而若職場的人際關係若出現惡化，處理起來恐怕更為艱辛。與人溝通其實也是一種防衛策略，能讓工作配合自己的速度前進。**

提示45

可以當面溝通時，別光靠電子郵件。

技巧
2

用對「請」和「您」，和誰溝通都無往不利

在外商公司上班時，遇到部屬年紀比自己大，是很常見的事。我在29歲的時候，成為公司最年輕的部長，從那個時候開始，我經常遇到比自己年長的下屬。

◉無論年紀，開頭都稱「您」

不知道如何和年長的下屬相處而苦惱的人不少，對我而言這不算問題，因為我對所有人，都會加上「先生、小姐」的稱謂。

不光只有說話的時候，寫信時也是如此，在所有的情況下，我都會加上稱謂，即使是對剛從學校畢業的女性新進同仁，我也會這麼說：「某某小姐，請多多指教。」

也許講話不拘小節比較容易產生親近感，但隨著對象不同，改變用字遣詞實在很麻煩。況且，如果對年輕女性以過於親熱的語氣講話，說不定會招來閒言閒語。**為了不落**

人口實，無論年紀大、年紀小、高層或部屬，我一概使用「請」和「您」，這麼一來就不容易發生問題。

◉尊敬部屬，他也會尊敬你

我因為升遷得快，在別人眼中算是很早就出人頭地。在職場裡，曾經是自己部屬的人，某天突然變成頂頭主管，立場完全顛倒過來，這種情況不足為奇。

其實，無論部屬的年齡比自己大或小，彼此只要認真工作就夠了，沒必要一定得變成感情很好的朋友。

如果我對年齡比我小的人表示尊敬，那麼比我年長的人也會對我表示尊敬。在職場裡，比我年長的人叫我的時候，從不會直呼我的名字，一定都會加上「先生」兩字。

◉出張嘴、擺架子的主管，沒人想跟

面對部屬，毫無必要擺出主管的高姿態，因為端出架子、以俯視的眼光與部屬接觸，除了展現官威之外，根本不具任何意義。我所追求的是工作速度和效率，對於展現權威滿足自我這檔事，一點興趣都沒有。

一旦明確表現出你的立場，其實頗有好處。無論工作中發生什麼狀況，因為彼此平時用字遣詞很客氣，所以吵不起來。**感情用事常會成為爭執的原因，我覺得那只會浪費時間。**

有些主管不願意對部屬說「請」，是因為虛榮心作祟。**主管的角色不是勉強部屬服從，而是要打造能讓部屬願意一起打拚的環境。**我建議職場菁英最好拋棄無謂的自尊和虛榮，對任何都要帶著一份敬意，就算部屬比自己年長，也不必擔憂他的反彈了。

提示 46

尊敬彼此，避免不必要的糾紛，也是6倍速工作的技巧。

技巧 3

用私人話題，聊進主管心裡

在外商公司服務的人，基本上不太會做超出自己工作範圍的事情。就算有同事正為了公事傷腦筋，一般人也不會伸出援手，只要把自己負責的範圍完成趕快回家就行了。在如此不講情面的環境，我深深地認為溝通是不可缺少的。

看見桌上的家族照，記得讚美

溝通的第一步——凡事都要開誠佈公。許多人認為在職場裡聊工作以外的事情是禁忌，但即使是主管，他也有家人、也有私生活。

在外商公司裡，辦公桌上擺放家人照片的上班族相當多，私人話題會成為交談的開端。看見主管的辦公桌上擺放著嬰兒照片，如果當下立刻說：「好可愛啊！」這時對方會解釋：「最近才剛出生，總之現在是小孩最可愛的時候，說句實話，現在我心思，根本沒放在工作上……」

像這樣，你得到了有關主管的意外情報，這些事情，他根本不會告訴任何人。

◉傳達出「我想瞭解你」的心意

一旦共享了私人話題，往往能縮短彼此的距離，建立更親密的人際關係。為了更深入對方的心裡，聊些私人話題是最具效果的。

任何人都希望別人能瞭解自己，你該適時表現出「我想要認識你」；當你很想多瞭解對方時，對方肯定能感受到你的心意，也會對你敞開心房。

提示47

放在桌上的小東西，都是溝通的題材。

技巧4

利用「附件」功能，對主管報告

與上層主管有關的事情，要密切地報告、聯絡和討論。如果不讓主管掌握自己的工作進度，未來將引發其他的問題。

主動回報進度

就算主管沒有要求，當工作的重要段落結束時，應該知會主管「目前進行到這個程度」，這是工作的基本禮節。如果主管完全不清楚你所負責的工作，再怎麼努力，也很難獲得高評價。

我經常聽到上班族感嘆：「為什麼我這麼努力，主管好像都看不到？」我認為那是因為本人沒有給主管評價自己的機會。悶著頭靜靜地工作，主管是不會給予你任何評價的；自己做了哪些事、得到怎樣的成果，若能如實地報告主管，對方肯定會留意你的工作狀況。

儘管這麼說，動不動就跑去跟主管直接報告，不但很花時間，對於忙碌的主管來說也是一個困擾。

◉重要文件，別忘cc一份給主管

我通常會把重要文件cc**（副本抄送）給主管**，當我要傳送電子郵件給某人時，如果這封信是與工作進度有關的重要郵件，為了「保險起見」，我會將該封電子信件的cc發給部長或相關部門同仁。

因為主管很忙，不一定會看，但至少你留下「已經報告了」的事實。再者，以副本傳送郵件，收件者會知道「是誰發的信、發給誰了」，了解到這件事「已經報告部長」、「總公司也知道」，會讓所有相關人士理解到事情的重要程度。

◉讓你的工作「被看見」

前述的做法，是為了**讓你的工作「被看見」**，未來萬一發生糾紛，也不至於讓問題變得複雜。如果直到自己的工作發生問題，主管卻到那時才知道內容，光是解釋來龍去脈就非常累人。

如果能在工作進行時，隨時向主管報告，「現在進行到這個階段，因什麼狀況而產生問題」，讓他完全清楚，將來若需要主管出面處理會相對容易；此外，**「在交涉過程中，對方負責人一直面露難色」，像這類情報也應該逐一報告，察言觀色，也是達成6倍速工作所不可欠缺的技巧**。

提示48

善用郵件cc功能，讓自己的工作「被看見」。

技巧 5

多「讚美」，部屬會主動把事情做好

我在路透社工作時，年僅29歲就當上部長，可能因為當時太年輕，我在帶人方面嚐到許多失敗。

◉火爆主管，部屬不會真心跟隨

當部屬辦事不力時，我的情緒會變得急躁起來，動不動就大發雷霆。有時還在會議上用力一拍桌子，毫不留情地訓斥：「如果不高興，就把事情做好！」因為我向來比別人認真，聽到我這麼說，通常下屬只能沉默不發一語。

若是因為顧客而導致作業進度延遲，我甚至曾經對著電話大聲咆哮、摔電話、捶打電腦螢幕等——部屬看到我這樣發飆，都嚇得退避三舍。

但這種恐怖統治難以持久，我能深深感受到，無論自己多麼憤怒、多麼生氣，部屬根本不會照我的話去做，或許還在一旁冷眼看著我這個又笨又吵的主管，不耐煩的想這個人有完沒完？

咆哮和發飆，只能發洩情緒

我的主管是個英國人，連他都對我說：「你已經是部長了，別再這麼做。」他的這番話讓我大夢初醒，開始改變自己的態度。

一股腦的發飆只會讓部屬士氣低落，整個團隊的氣氛變差，部屬不會照著自己的想法去行動。

新進員工照著自己的理念工作，如果不分青紅皂白就評斷對方是好或壞，肯定會傷到他人的自尊心。如果部屬的方法錯了，只要告訴他正確的方法就行，用罵的，部屬不一定學得會。那樣的做法只是單純的發洩情緒，卻完全沒有效果。

只要說一句「好棒！」，能提升士氣

既然目的是要讓工作圓滿達成，**如何讓部屬順利完成工作，才是思考的重點。**

無論是褒獎或叱責，最大目的是要讓部屬在工作上有良好表現。一旦辦公室的士氣低落，工作效率自然不彰，工作速度也會下降。相反地，若能善用褒獎和責備，整個團隊定會更有效率地工作。

當我瞭解這個道理後，我總是積極地稱讚部屬。**我經常在眾人面前誇獎部屬，有時也會私底下稱讚，依照時間或情況採取不同的方式。**

◉團隊合作時，別只稱讚某一個人

如果是專案工作，我會獎勵整個團隊，另外還會稱讚負責領導的部屬。這麼做會讓整個團隊士氣大振，強化團隊的一體感。

如果是對個人獎勵，我常利用電子郵件的方式，或在走廊擦身而過時，告訴他：「你之前提的那份企劃書非常棒！」有時則在眾人面前表揚某位同仁。

如果是許多人一起完成的工作，當主管只稱讚某人時，會給人偏袒的感覺，這時稱讚的方式要更加謹慎。

◉指令要明確，語氣要包容

罵人的難度比稱讚還要高，我建議，儘量不要採用這個做法。

當你分派工作給下屬時，不應該採用命令語氣：「今天下班前，提出XX報告給我。」如果改以「這份文件，你什麼時候能給我呢？」不僅少了命令的威嚇感，更多了讓下屬自我規畫、思考的能力。

講話時，不要一開始就用否定的語氣，而是要傳達自己的希望。**身為主管，只須明確下達「希望你依照我的期待，完成這份工作」的指令，其實沒有必要發脾氣。**

如果下屬犯了錯，需要你開口提點，切記不要傷及對方的自尊心，最好是私下一對一交談。這時盡可能不要感情用事，慎選用字遣詞，當然更不可以做人身攻擊。

◉提醒自己：主管真正的職責是「領導」

留意各種小細節，不斷地累積和修正，慢慢地，就能改善與部屬之間的關係。身為率領團隊打拚的領導者，其實非常辛苦。

但是，當全體成員團結一致達成工作目標，那種成就感是任何事物都無可取代的。

主管的任務不是命令或指揮，而是打造一個讓部屬能夠完全發揮實力的環境。

提示49

讚美也有方法，別讓其他同事感到不公平。

技巧6

利用「群組信」，與所有人共享訊息

一旦當上主管，就要有能力掌握部屬的行動，如果部屬不超過10個人或許還好辦，一旦超出這個數字，很容易力有未逮。

◉ 1人回報，100人同時知悉狀況

經常能在咖啡廳或漫畫店看到，有業務員大白天就蹺班，在這些店裡消磨時光，只要沒人盯著，果然就會偷懶。我在第一線工作，還要指導部屬，身兼選手和教練，但無論多麼忙碌，也不可能把部屬晾在一旁不管。這時，就必須善用郵件清單的功能。

在我獨自創立顧問公司後，曾經負責一件客服中心的企業重整個案。該企業大約有100名正式員工，而客服人員約有500名。

當時真正上班的員工大約有100人，所以**我製作了一份所有員工的手機郵件清單。當**

我下達指示時，會利用清單同時發送郵件給所有員工，同時也要求所有人以相同的方式報告不同業務的進展。

業務報告的內容通常不外乎是「今天接聽了30通電話，拿到2個案子」、「去拜訪客戶，結果如何如何」、「這個月的業績是多少」……等等，我要求他們要透過郵件清單傳遞。

當一名員工發出郵件時，那封信將會自動傳送到所有員工的郵箱裡，無論是哪個部門或課室的職員，都會收到這封信。收到郵件的同仁可以逐一掌握狀況，共同分享彼此的資訊。

當有人看到「今天到某個企業去」的報告時，說不定其他部門的人會說：「那裡我有認識的人，可以介紹給你。」因此出手相助，讓工作進度更為順暢。

◉ 100人以內的團體，適合群組信溝通法

一旦用群組信，每位同仁就可以在第一時間知道工作狀況，因此不至於發生「我沒聽說那件事」、「我不知道」這種情形，藉此達到提高業務效率和工作速度的目標。

再者，因為每天需做工作進度報告，自然不會有人摸魚。我曾經收到員工的「小報告」：「A說自己今天跑了3家廠商，其實他下午都在咖啡店裡摸魚。」做主管的無法24小時監視員工的一舉一動，但員工會彼此相互監督，這是令人意外的收穫。

根據我身體力行的結果，郵件清單如果超過100人，執行起來可能有困難。一旦人數過多，資訊也會跟著爆炸難以處理，這一點是最困難的，如果以每個部門有數十人的單位執行起來最為恰當。

◉傳統日報表，效果不彰

直到現在，**仍有不少企業要求員工寫日報表，但效果並不出色**。寫日報表的目的是為了掌握部屬每天的行動，我不認為這麼做具有意義，畢竟主管只要知道結果就夠了。

如果日報表上寫著「拿到合約非常開心」，看到這種類似日記的報告，主管也很難給部屬任何建言。至於日報表的格式，因為不容易在上面檢討自己的過失或是反映工作上的問題，自然不易成為一份好的報告。

郵件清單，大勝流水帳日報

進一步分析，日報表是在第一時間寫的，主管很難給予充分的建議。利用郵件清單的話，可以在看完信之後立刻下達指示，或是回覆「謝謝，你做得很好！」這種鼓勵性的話語。

如果以溝通為目的，利用郵件清單還是比較確實、快速的方法。溝通的過程完全開放，部屬想要偷懶也不行。

提示 50

「群組信」運用得當，是非常有效的管理方式。

技巧7

拉近同事的距離，就靠桌上的糖果

我在路透社工作的時候，在電腦旁放了一個用來裝糖果的盒子。就像懷舊雜貨店裡用來裝糖果的透明盒子，我在裡面塞滿了糖果，放在桌子上。這些糖果，是我和部屬溝通、交流的好工具。

吃糖不只甜嘴，還能安撫情緒

因為糖果的關係，我和部屬交談的機會變多了，因為大家都知道電腦旁有糖果，有人特地來這裡拿糖果當點心，也有人主動幫我補充糖果。「這個味道的糖果很好吃喔！」就像這樣，藉著糖果，我和同事間拉近了距離。

對於有事來找我商量，坐在我辦公桌前的部屬，我會先問他：「要不要來顆糖果？」這麼一來，對方即使對我心懷抱怨，當嘴巴含著糖果時，心情也會慢慢沉澱下來。嘴裡含著糖果還能動怒的人，其實並不多見。如果有事情要拜託對方，我會先給他一顆糖果再請託，通常對方都會很爽快地答應，這就是給糖吃的效果。

◉ 提供大腦能量，並促進血清素分泌

糖果的功用不只這一項，還能夠提供大腦糖份。大家都知道，大腦的養份來自葡萄糖。一旦大腦感到疲倦，工作效率就會下降，這時需要立刻來一顆糖果。

疲倦的時候，情緒容易變得浮躁，糖份不光是大腦的能量泉源，同時能促進血清素分泌，具有讓大腦放鬆的效果。沒有人吃著甜食還生氣，也可能是因為這個效用。

即使沒有糖果，巧克力或餅乾也可以，**從這些貼心的小舉動，可以改善職場上的人際關係，**上班族務必要嘗試看看。

提示 51

善用甜食糖果，能收到良好人際關係的果效。

技巧8

發生問題時，正面回覆是最好的方法

在路透社工作的時候，我是該公司歷年來最年輕的部長，但這不代表所有的事情都會往令人高興的方向發展。

◉別為「溝通無法解決的事」浪費時間

在我晉升為部長之後，有一項任務是要整合業務促進部，當時發生了一件事：我在公司的電腦，當著我的被駭客侵入，檔案全數遭到刪除，駭客——合理懷疑是在場的同事——還直接向我挑釁。

那時我正和來自香港的同事開會，因為我想邊看著電腦中的檔案邊說明，但硬碟上的檔案卻不斷消失！然後，我命名為KOICHI（孝一）的檔名，竟被改成了「FUCK YOU」！看到眼前這一幕，我只能呆呆望著電腦自問：「這是什麼啊？」如今回想起來，真像是電影情節。

一開始，我的檔名被改寫成「FACK YOU」，我雖然一陣錯愕，但還是反射性的糾正：「FACK？應該是FUCK吧？」就在下個瞬間，FACK變成了FUCK。

所幸我所有的檔案資料，在筆記型電腦裡都有備份，不是什麼大問題。事情發生後，公司內部進行調查，犯人使用了公用電腦，透過公司內部的網路連結到我的電腦，動手將我的檔案刪除。雖然找到了IP網址，卻因為是公用電腦，結果事情只能到此為止，到底是誰搞的鬼，至今沒有答案。

無論在哪個世界，都有像這種在消極行為上賭命的傢伙。把時間用來提升自己的能力，不是很好嗎？只有提升自己的能力，才能證明存在價值。上述這個事件，不是光靠與人溝通就能解決，能做的只有小心腳步，不要被絆倒。

問題不會自己消失，轉個彎找解決辦法

我雖然很努力想要跟部屬溝通，卻總無法事事如願。在路透社擔任業務促進部的部長時，下屬有7成是女性。當年，電腦的電磁波問題剛好引發社會爭議，而公司內部同

時有電視型的螢幕和液晶螢幕。

「我還在使用電視型的螢幕，為什麼有人可以被禮遇，使用液晶螢幕？」、「我將來想要生小孩，電磁波太強的話可能會不孕」等等，類似的抱怨層出不窮。還有部屬將實際測到的電磁波資料，用電子郵件寄給我，並同時cc給所有的同事，大家都等著看我如何處理。只要稍有不慎，其他部屬肯定會抱怨連連。

受限於預算，我無法讓所有部屬換用液晶螢幕，但我買了防電磁波貼布貼在所有螢幕上，這個做法好不容易才平息紛爭。當時的部屬們人人都有不一樣的要求，讓我倍感壓力。

不知道為什麼，只要壓力太大，我就會覺得頭皮發癢，只要一抓就停不下來，甚至抓到流血；我還曾經因為不自覺緊咬嘴唇，咬到滿口鮮血。我的身體一向很好，唯獨對壓力防不勝防。面對這樣的糾紛，我並沒有逃避。**我清楚地瞭解到：唯有和部屬們溝通，才能消除我的壓力。**

◉管理、帶人，沒有標準手冊

關於部門內的每個職位、待遇和工作內容等人事問題，我和部屬們不斷交涉、討論，針對每個人的職務、工作責任和薪水提出明確的解說，**凡是關於部門內部的問題，我都盡可能透明化處理**。

就像這樣，我老是被這些與業務無關的事情搞得暈頭轉向。員工會這樣，說不定因為我是個年輕的主管。結果無論我如何努力並力求公平，一旦要管理大多數的人，還是無可避免地引來眾人的不滿和抱怨。想要得到所有人的贊同或許很困難，但對於部屬的要求，我總是認真回答，尋求合理滿意的結論，因為這是唯一的解決之道。我深刻體會，**管理沒有標準手冊可依循**。

我的苦心雖然無法讓所有的人都能瞭解，也未必能獲得應有的回饋，但我依然一個問題接一個問題地解決，就算有糾紛也不逃避。我的付出、我努力解決問題的態度，部屬全都看在部屬眼裡，他們就算不滿意我的處理方式，但他們仍然可以感受到我想要解決的誠意。

並非所有的狀況，你都能一一解決，讓對方了解到「你把他的問題當一回事」，就算這次沒有兩全其美的解決方案，你的態度也會漸漸改變對方的看法。

提示52

面對問題不逃避，對方看在眼裡，就算不滿，也會感受到你的誠意。

人人都能把工作做好，
速度是讓你
與眾不同的關鍵！

第 7 章

「不滿」，是前進的動力

想法

1

學習，就是幫自己「增值」

2011年，我很幸運地有機會到全世界最高等的教育機構之一，哈佛大學商業研究所AMP（Advanced Management Program）就讀。

「哈佛大學商業研究所AMP」，是哈佛商業研究所當中最高級的課程。挑選來自全世界的商業菁英，培育頂尖經營人才的AMP課程，已擁有超過60年的歷史。

我修完在青山學院研究所的MBA課程後，參加了東大研究所博士班的考試。在我通過筆試進行面試時，主考官問我：「你是個工作忙碌的上班族，有辦法準時來上課嗎？」最後我沒考上，但想要繼續學習的意志卻很強烈。當時我已經再婚、並且有了小孩，根本不可能到海外長期留學，AMP的課程只要2個月，對我來說再適合不過。

於是我打鐵趁熱，看了4本介紹AMP的原文書和日本書後，開始提筆寫入學申請論文，最後順利地通過。暌違6年，我終於再度踏上美國。

與各國企業菁英一起學習

我入學的那一年，共有來自40個國家的企業CEO（執行長）、COO（營運長）、CFO（財務長）等，共163人。

包括法國路易威登集團的CFO、泰國的飯店集團家族、新加坡大型能源公司的經營高層等，都是些有頭有臉的人物，大家想盡辦法幾進這門課程中進修，而來自世界各國銀行的CEO、COO等，竟然就有15位。

即使是世界級企業的高層，在這裡大家都是同學，沒有優劣之分。所有學生以8人一組，稱為Living Group，小組成員要一起預習。

9項「講座式」授課內容，學多少得看自己

我們全都搬進「麥克阿瑟學生宿舍」，住在不到6個榻榻米大小的狹窄房間。房間裡沒有電視也沒有冰箱，只有床鋪和書桌。和我同組的一位希臘女子，是泰國飯店集團老闆的女兒，聽說她平日獨自一人就住在300平方公尺的大廈。當她看到這間房間時，非

常驚訝的說：「我這輩子頭一次住在這麼小的房間裡，簡直就像牢房。」

除了個別的房間，宿舍裡還有2個可以讓小組使用的房間——有電視和電腦的書房，放著供8個人使用的書桌和白板。唯一讓人感到放鬆的客廳，則有電視、冰箱和沙發。事實上，我們幾乎沒時間在這裡休息，因為一整天都浸在書本裡。

宿舍就在上課教室的樓上，餐廳位在宿舍的隔壁棟，一整天會離開宿舍外出的時間，大概只有吃飯時。從星期一到星期六，大家幾乎都躲在宿舍裡唸書，足不出戶。

課程從早上8點開始，到傍晚5點結束。這麼早就下課令我感到意外，其實下課後的時間得用來預習隔日的課程，以及做為8人小組的討論時間。**課程內容分成戰略、談判、財務、行銷、管理、領導技巧等9個項目，由9位專任教授負責。**上課的樣子就像邁可．桑德爾（Michael J. Sandel）在哈佛大學開設的超人氣公開講座一樣。

◉ 2個月內，搞懂全球250件經營個案

至於上課內容以個案討論為主。當然，像耐吉這種大企業的經營戰略，絕對是我們研究的個案；此外，還有各國在地企業的個案。舉例來說，我們曾討論過一個實際案

例：俄羅斯一家洗衣精工廠，如何對抗全球市佔率極高的Tide洗衣精。課堂上播放了該家小企業的廣告，他們如何爭取主婦客層、以何種方式擴大市場，這些問題都被逐一拿出來討論。

像前述的個案，**在2個月之內要討論超過250件**。教授會不斷地提問，如果答不出來可是很丟臉，若不做課前預習，完全跟不上進度。

課程結束吃完晚餐後，8位小組成員來到書房進行討論，直到晚間11點。這段時間內的論戰非常熱烈，白板上寫著大家的意見，彼此相互討論。

解散之後，大家各自回到自己的房間繼續唸書，每天只能睡3到4個小時。這樣的生活持續了2個月，到最後，連身體一向健康的我也病倒了，出現血尿，在畢業典禮的前一天，虛弱地躺在床上。

其他人也一樣慘，但沒有人因此打退堂鼓。每個人都背負著自己公司的未來，不可以中途放棄。

向最頂尖的專家學習

AMP的特別講師陣容非常堅強，有經營之神美譽的美國奇異公司傑克森・威爾許是其中之一，這可不是平常人能夠聽到的課程。

還有FBI現任局長繆勒主講「美國保全」。上課那天，剛好是賓拉登遭到殺害後的兩天，哈佛大學校園裡佈署了許多FBI幹員。親眼看到那麼多FBI幹員和FBI警犬，恐怕是我這輩子僅有的一次經驗。「世界上163位菁英和FBI局長所在的地方，萬一發生恐怖攻擊事件，會是什麼情況？」當時我立刻想到這一點。

哈佛大學引以為傲、最年輕的天才教授麥可・波特，當然也在授課講師的名單中。在這兩個月裡，每天都過得刺激又充實，是我人生最棒的一段學習時光。

提示 53

無論到了幾歲，「學習」都會幫自己加分。

想法 2

人脈等於財產，隨時都要投資

我從ＭＢＡ課程中得到的最大收穫，就是「人脈」。

修了ＭＢＡ的課程之後，並不是工作上就會變得很厲害，也不會因此就變成國際人。未來有計畫上ＭＢＡ課程的人，最好要記住這一點：儘管上了很多會計、經營和行銷等相關課程，如果沒有真正用在商場上，也是枉然。

經營「公司以外」的人脈

我是為了得到更強而有力的人脈參加ＡＭＰ課程的。**對一般上班族而言，人脈是財產，對成功的主管、領導者來說更是如此**。雖然需要花錢，但我覺得很值得投資。

ＡＭＰ的畢業生當中，包括日本麥當勞公司的會長原田泳幸、Capital Partners證券的ＣＥＯ筒井豐春、《哈佛「讓世界轉動的課程」》一書的作者、前彭博社電視社長仲條亮子等人，都是在日本商界第一線相當活躍的人。電視購物QVC社長佐佐木迅，和我感情非常好。

某一天在AMP的課堂上，要2人一組，進行不動產買賣。一方是買家、另一方是賣家，買家儘可能壓低價格，賣家當然是想盡辦法抬高售價，而我是買家。

這樣的交易不光只是抬高價錢或盡可能壓低價格即可，**在AMP課堂上要求的是，儘快找出價格交涉的**ZOPA（Zone of Possible Aggreement，可能同意的領域），雙方在可能同意的價格範圍裡，交涉出對彼此最有利的價格。

和我進行交易的人是一位叫查爾斯的男子，在我看完不動產的資料，準備走出教室外和他開始交涉時，不料查爾斯突然這麼說：

「Koichi，這個不動產我們就以55億美元成交吧，這個數字對彼此都有好處，你覺得如何？」

◉光是和菁英喝杯咖啡，就可以學到很多

他隨後把筆記紙撕下，填寫了數字並在上面簽了名交給我。

「快點簽名吧！這麼一來，我們的功課就結束了，快點結束一起喝杯咖啡吧！」查爾斯笑笑地對我這麼說。

我原本想像兩人會一邊談判一邊找出ZOPA，沒想到查爾斯迅雷不級掩耳地開出一個數字給我，我對他的靈光頭腦大感佩服。看看四周，所有優秀的經營者都在忙著和對手激烈談判呢！

根據我的推估，ZOPA的可支付上限應該是在65億美元，如果可以50億美元購入是最理想的，查爾斯只要賣到45億美元就能有獲利，接下來就是如何提高售價。55億美元是個中間價格，我沒有拒絕的理由。

查爾斯看著我說：「你覺得如何？」

「OK！」我同意查爾斯開出的價碼，在「合約」上簽了名，兩人跑去喝咖啡。我們一邊喝著咖啡，同時彼此介紹自己，沒想到查爾斯竟然是一間在非洲13個國家有分行的國際銀行的CEO。

在我們深入認識彼此後回到教室，眾人的討論也已結束，結果我們兩人的交易金額是最恰當的，教授對此沒有做出特別的評論。有同學因為相當認真地交涉，而賣得高價，獲得教授的稱讚，雖然我在這次課程上的表現只能說剛好及格，但是**偶爾像這樣喘口氣、休息一下，也是不錯的**。

提示54

進入高層次的團體，就能認識高層次的人。

想法3 最大的敵人是「無知」與「自滿」

和世界頂尖的經營者並肩而坐、一起切磋琢磨的2個月，對我來說真的獲益良多。

我的Living Group隊長叫做Ken，他是核電保險公司的律師，是他們公司的第二把交椅。當時剛好是福島核災發生後不久，我問他：「你們的顧客裡有日本公司嗎？」他說他們曾經和東京電力公司談過，但因公司內部對於合約條款有諸多保留，因此以沒有必要為由，最後沒能拿到東電的契約。

Ken每天都會問我，關於核災事故日本的處理狀況。由於美國的電力公司加入保險的可能性變高，所以他很想知道日本所面臨的現象、面對的災情，甚至是災情擴大到何種地步，我把所知道內容的儘可能告訴他。

◉癌症病痛也無法擊倒的勇者

Ken是位具有領導風格的隊長，每當小組成員聚在一起發表報告時，他總會要求大家：「5分鐘完成」。數量驚人的報告要在5分鐘內整理完成，根本是不可能的事，我們雖然提出抗議，卻被他斷然拒絕，他的說法是：「這些報告5分鐘就可以完成。」

過了好一陣子之後我才知道，原來他是個癌症病患，一邊接受癌症治療，同時賭上自己的命來唸書。在AMP就讀期間，我因為出現血尿到健康中心去檢查，醫生說：「應該是太過勞累，只要不再出血就沒關係。」這時後，我才知道他和太太已經2個月沒見面，兩人只能透過SKYPE聯絡，當我看到這一幕，深切感受到「每個人都有不為人知的故事」。

還有一位來自澳洲的女性CEO，因為接受抗癌藥物的治療，頭髮都掉光了，但她堅持戴著假髮來美國繼續唸書。

提示55

在職進修，可以客觀評價自己的存在價值和能力。

◉看過外面的世界，才自知渺小

當我看到世界一流的經營者所抱持的無比毅力，才察覺自己的天真，知道自己的努力還不夠。這些讓旁人稱讚的人，其實為了捍衛自己和公司的地位，可說是拚了命。這些真實的人物故事，在在說明他們處在一個競爭十分激烈的世界裡。如果一直待在國內或同一家公司裡，不知不覺會成為井底之蛙，無法察覺自己的渺小。**我認為看看外面的世界，實際感受自己的存在有多麼微不足道，這種體驗是必需的。**

直到現在，我和AMP的同學仍保持連絡，當他們來日本時，我會特地去見他們。我和一位韓國同學的感情最好，他在韓國舉辦登山活動時，我還特地飛去參加。**結識這種生涯夥伴，是人生當中非常重要的一件事。**我在商場上的人脈還有努力的空間，到海外開拓企業之際，這些同學說不定可以成為生意上的夥伴。

想法 4

一邊行動，一邊修正夢想的目標

我是個言出必行的人。一旦訂定目標就昭告友人，如此一來，會萌生「萬一無做到將很丟臉」的想法，藉此激勵自己無論如何一定要實現。

◉設定目標要加上「達成年齡」，計畫更清楚

立志要去上AMP是8年前的事情，當時我身邊的人幾乎都知道這件事。就算花點時間，也一定要實現，我認為宣告之後順利達成目標的成就感，遠遠超過什麼都不說就默默完成。

我把自己的目標用群組信發給青山學院大學的63位MBA同學，因為大家都擁有相同志向，所以不會有人嘲笑我：「說什麼夢話啊你！」甚至有人回信告訴我：「其實，我也想去上AMP。」

我現在的目標是，要在40幾歲時，在亞洲5個國家擁有自己的事業。50幾歲時再增加5個國家，然後在60歲之前，具備資格去參加哈佛大學商學院總裁經營管理班OMP（Owner Management Program）的課程。

我以年齡來設定目標，限定期限是為了給自己壓力。如果**從目標往前推算，在幾歲之前應該要做什麼，**就能具體地思考。

◉人生這麼長，不用死守單一夢想

大目標在執行途中可能經歷數次的變動，例如以前我曾訂下要經營100家公司的目標，等公司數達到25家時，我突然認為：「如果是經營擁有很多子公司的大企業，似乎更好。」

成為企業經營者之後，公司股票在東證新興企業市場掛牌上市，之後又在東證二部上市。我希望公司的股票未來能在東證一部上市，就此從東證畢業。

接下來，我想要前進那史達克市場（美國的新興企業市場），也想要進軍倫敦股市，達成在世界三大股市上市的壯舉——我曾有過這樣的雄心壯志。

在立定目標往前邁進之際，有時會出現「就算達到目標又如何？」的迷思，於是改變了方向。

我的目標也有可能會改變，造成改變的原因，可能是對現在的自己而言，要實現目標還有困難，也可能出現了更具有魅力的新目標。即使中途改變自己的夢想也無妨，因為「人生有夢」這件事，自古是不變的真理。

提示56

設定目標之後，一定要讓周圍的人知道。

想法 5

有難度的夢想，值得花時間

當我被問到：「石塚先生，你的夢想是什麼？」我的答案是自學生時代就設下的「統一亞洲貨幣！」

目標明確，方法可以再思考

「要以什麼樣的方式來完成，我還不是很清楚，是要成為一個政治家，或是建立新的金融制度，又或者成為銀行的高層，雖然還不知道答案，但我生涯的最終目標，就是致力於亞洲貨幣的統一。」

實現的可能性或許不高，但我至今仍懷抱著這個夢想。

歐洲在實施歐元之前，打造了ＥＣＵ的貨幣單位，這其實不是實際的貨幣，而是加盟國的貨幣組合。所謂貨幣組合，是指將多個國家的貨幣放在一個籃子裡，假定為一個貨幣，利用某個通貨的交換匯率，使籃子裡的貨幣連動。ECU**實施20年之後，才開始採用歐元**。

當我看了這樣的流程之後，認為貨幣必須統一。這麼做不光是為了日本經濟，而是以整體亞洲的經濟為考量。再者，亞洲的問題，應該在亞洲解決。

金融問題若靠政治來解決是非常困難的，就像氣候變動或資源等問題，光靠日本無法處理，需要所有亞洲國家一起來致力解決。

正因為懷抱這樣的夢想，當路透社問我想不想到外匯部門工作時，我認為這是朝夢想靠近的好機會，立刻點頭答應。在我進入路透社幾個月後，有機會到首相官邸，見到當時的日本首相橋本龍太郎。因為首相官邸購買路透社的資訊，我去教秘書們如何判斷外匯的相關訊息。

◉夢想一度靠近！但才發現阻礙重重

或許還有人記得，**前首相橋本就是建立亞洲貨幣基金構想的人**。所謂亞洲貨幣基金構想，是把來自中國、台灣、香港、新加坡的資金集合在一起，設立一個基金，當地區內的貨幣遭到投機客攻擊時，能夠介入外匯市場，彌補外匯不足，捍衛通貨，換句話說，**就是ＩＭＦ（國際貨幣基金）的亞洲版**。

當時亞洲發生貨幣危機，據說發生原因來自於歐美的避險基金，大量收購了泰銖後又賣出，等泰銖下跌時再買回來，藉此套利。繼泰國之後，印尼、馬來西亞等國也陸續遭到鎖定，歐美的避險基金因此取得暴利，但亞洲國家的經濟卻岌岌可危。結果，只能依靠ＩＭＦ的融資度過難關。**為了避免亞洲經濟被歐美左右，貨幣基金有成立的必要。**

提倡這個構想的前首相橋本的秘書官把我找去，問了許多的問題，希望和路透社簽訂契約。這是我最接近「統一亞洲貨幣」的時刻，還能在其中扮演一個角色，這令我內心激動不已。可惜的是，這個構想最後被美國破壞了。

在美國的強勢下，亞洲各國的會議都必須讓美國和ＩＭＦ參加，並且主張納入美國一起建立區域內的監視制度。擔心日本握有主導權的中國對此不發一語，澳洲也不置可否，結果在無法取得亞洲各國的同意下，這項構想遭到否決。

◉應捐棄過往成見，建立全球合作的新關係

歐洲在歐元統一之後，發生了經濟危機，有人說讓面臨經濟破產的希臘加入歐盟是個錯誤，引發各式各樣的問題。儘管如此，我的夢想依舊沒有改變。

在亞洲，中國過於巨大，所面臨的問題相對也很龐雜；韓國對日本而言，是個鄰近又遙遠的國家……。哪怕國與國之間有問題，就民間層級的往來客觀而言，很多人仍將這視為地域問題。就像是We are the world這句話，世界大同是所有人的理想。過去發生過幾次全球性的戰爭，如果因過往的成見，持續重蹈覆轍，未免太愚蠢了。我衷心期待著，至少**在我們這個世代，應該掃除過去的障礙，建構新的關係**。

提示
57

儘管實現困難，仍要懷抱不會動搖的「人生目標」。

想法6

健康管理，也是重要的工作項目

在美國有種說法：「太胖和抽菸者不容易升遷。」因為無法自我管裡的人，自然不可能管理一個團隊。因此，職場菁英會去健身房或公園慢跑，認真地管理自己的健康。

戒菸和減重，是健康管理的要項

無獨有偶地，最近知名的星野度假村公開表明，將不錄用吸菸者，這項決定引發廣大的討論。

因為**吸菸者得經常離席去戶外抽菸，看在不吸菸的人眼裡，是一種不公平**。尤其是高級度假飯店這種服務業，如果員工身上有菸味，可能會讓客人感到不舒服，資方做此決定也是想當然爾。

我本來就不吸菸，當我聽到有人為了戒菸，而貼著尼古丁貼片或嚼口香糖藉此抵抗菸癮，我認為那些人都太過天真了。和毒品或酒精相比，香菸的依賴性較低，如果真的有心要戒，應該不是難事。

◉運動和控制食量就能減重

在日本，企業高層或政治家若是體弱多病，便難以勝任重責大任。位居重要職務的人，會到健身房運動，在大家看不到的地方努力鍛鍊體魄。我從小就學習武道，因此身體非常健康。可能因為我不抽菸，肺活量高達8千毫升，就算身體疲勞也能很快恢復。至於飲酒，我只有參加聚會時會喝一點，其他時間幾乎滴酒不沾，不曾有過酒後失態的丟臉經驗。

即使身體健康，也不該過於相信自己的體力，一旦體重增加太多，體力勢必衰退；因此當體重超標，就要努力瘦身。我個人曾經一度減去18公斤。事實上，每位拳擊手都有過嚴酷的減肥經驗，只要有毅力，任何人都能減肥成功。我認為減肥和戒菸一樣，有志者事竟成，只要控制食量就行，無需要藉助減肥產品。

◉健康的身體，是6倍速工作的資本

偶爾吃太多的時候，我會吃仙人掌提煉的健康食品。仙人掌是觀賞植物，墨西哥人把它當蔬菜吃。仙人掌含有豐富的礦物質、纖維質，以及17種胺基酸和維生素，據說還有降低血糖的功效。最近經科學證實，仙人掌具有吸附脂肪的超強效果，在歐洲被視為是減肥聖品。

除此之外，我每週有2天會健行5公里，放假時會玩室內5人足球，盡可能地運動身體。**想要以6倍速工作，身體健康是最好的資本**。這說法不僅適用於上班族，對個人經營者更是如此，**沒有人可以代替你工作，記得把「健康管理」視為工作項目之一**。

提示58

無法管好自己健康的人，也無法管好工作表現。

想法 7

不如意時，列表分析自己的行動

每個人都曾經有過諸事不順的時候。鴕鳥會把頭埋在沙堆裡，等待狂風遠離。就我而言，如果遇上人生的低潮期，也只能靜靜地等待這一切過去，重整消沉的意志，告訴自己：「現階段只能盡全力。」

◉先欣賞好結果，再改善壞結果

如果遇上了低潮，不妨試著以Excel記錄自己的行動。參加AMP考試、發表論文……，把具體的行動寫出來，你會發現自己「即使諸事不順，也做了10件事」，然後客觀分析自己的行為。在你所列的事件當中，將得到好結果的行動畫〇，壞結果的畫X。「雖然只有4個〇，但正因為我還算拼命，不然恐怕連4個都沒有。」請將自己的視線放在好結果上頭，沒必要緊盯著壞結果看。接下來，只要努力把那些X改成〇就可以。慢慢地，你就能看出自己最應該做的事情，不會再過於消沉。

建議大家不要養成負面思考的習慣，以我自己為例，這時我會利用Excel。**後悔無濟於事，重點是要反省**。與其過度在意最後的結果而感到苦惱，倒不如發現應該改善的地方，往前踏出一步，說不定運勢就能因此扭轉。**以6倍速工作的最大的優點是，就算失敗多次，也比別人有機會、有時間再度嘗試**。

為了避免失敗，當然要多加小心，謹慎地緩慢前進，但我認為這樣無法得到最好的成果。絕大多數上班族不是救人一命的醫生，也不是製造商品的工匠，大家必須思考：如何縮短時間完成工作。

有時無論你有多努力，結果還是無法盡如人意，**就當做是命運，接受它！但是相反的，若是你並沒有竭盡全力，就怪罪是運氣不好，這只是幫逃避找藉口**。

提示59

定期反省，但不是責備自己。

想法 8

以「6倍速」生活，人生有機會重來

提前從大學畢業、當上路透社最年輕的部長、35歲之前成為上市公司社長……本書的內容，都是我至今活用「6倍速工作術」所實現的成績。最後，我想要和各位談談自己的人生。

◉ 沒有天天在過年，創業後人生遇瓶頸

我在28歲時，成為路透社最年輕的專案經理，29歲成為最年輕的部長，30歲時成為該公司史上最年輕的經理。

34歲那一年，獵人頭公司找上我，問我有沒有意願成為日本新華金融的社長？我想挑戰自己的能力，因此跳槽到新華金融，過了2年後，我辭掉該社社長的工作，然後自立門戶，開始自己的事業，而問題就從這裡開始。

一開始，我的狀況非常好。我一直非常清楚，自己的工作能力有多強，從來沒讓公司失望。但是，直到我自己當了老闆、主管，卻沒有修練到更高層的「看人」術，陸續遭到公司內部和外部人員的背叛。

路透社等大公司在雇用員工時，會先委託徵信社調查該名員工的背景。但是中小企業沒有那樣的預算，很有可能找來惡質的員工。和其他的企業要合作時也是，通常大企業都會調查往來的對象後，才開始做生意。

因為自己過於天真，讓公司擔負極大的損失，我深切的體會到，當一個經營者有多麼辛苦。

而在私生活方面，我與當時的妻子離婚，成了單親爸爸，6歲的女兒和8歲的兒子由我扶養，跟著我一起生活。

◉嚴峻的考驗，激發了潛力

就在這個內外相焦的時候，一間人力仲介公司的社長、同時也是我非常仰慕的長輩開導我：

「石塚，不用擔心，你的能力完全沒有問題，肯定可以撐過去！」他如此鼓勵我，他也曾經有過公司被人搶走、又東山再起的經驗。中小企業的經營者，大多數有過這類經驗，**能夠克服困境的人方能成大器**。

該位社長給我的激勵，讓我產生「原來有人看見我的努力」這個想法，更給了我勇氣。後來我成立名為「Fate」（命運）的企業顧問公司，沒多久便成為一間在東證二部掛牌上市公司的代表董事，讓該企業的獲利由紅翻黑。

我身為一間企業的社長，得經營10家子公司，在這種環境下，還要獨自扶養2個小孩，我想很少人會遇到這樣的經驗。那個時候，我每天一大早就得起床，忙著做家事、晾衣服、幫小孩做便當，這些都是家常便飯；小孩在學校受傷，我接到學校的通知，卻無法趕到醫院，只好請秘書代替我前往，這是外人很難想像的狀況。

我成立「Fate」企業顧問公司，靠著自己的能力，在眾多企業之間奔走。「Fate」在一開始，會進入該企業的經營核心，協助事業上軌道後就撤出，這是我們的運作方式。一直以來，我沒想過要擴大公司的規模，現在海外的事業是在日本發展的，也開始承包新事業的企業顧問工作。

自從上過哈佛AMP的課程後，我的想法有了很大的改變，**不再只重視短期利益，而會想著如何讓顧客滿意，讓自己的事業長長久久，這是我最真切的想法。**

我和現任的妻子認識、再婚，小孩人數一口氣增加到5人，每天都非常熱鬧。她在我到哈佛留學期間，一個人照顧5個小孩，給予我超乎想像的支持，我由衷地感謝她。

就算嚴峻的考驗接踵而來，如果不能避免，那就勇於去面對、去克服。以我自己的經驗，當我成為單親爸爸之後，忙碌的生活讓我沒有時間哀嘆自己的命運。被逼得走投無路之下，潛力才有可能完全地爆發出來。

◉趁年輕，多體會失敗的滋味

人生可以重來好幾次！我越來越有這樣的體認，尤其是在年輕的這段時間。早早歷經成功或失敗，的確是件好事，你今後會更加謹慎，避免犯下同樣的錯誤。就算要重頭來過，也因為還年輕，有足夠的體力和精力嘗試。6倍速工作的結果，讓我在最快又最短的時間內，有這麼多人生的「失敗經驗」，可以跟大家分享。

透過這樣的體驗，可以真正知道誰與自己站在同一陣線。**有時不免會感受世間的冷**

淡和嚴酷，但還不到令人絕望的地步。因為在這個世上，一定有人看到你的努力、一定會有辦法從谷底往上爬。

身為上班族的各位讀者，你在今後的人生裡，可能會碰壁無數次，面臨許多的挫折。但這些難關一定都能克服，不要放棄自己的人生，也不要自暴自棄，我由衷希望各位能竭盡全力堅持到最後一刻。

在本書的最後，我要感謝雙親給我一個健康的身體，讓我得以用6倍速工作。並向協助本書編輯工作的大畠利惠小姐，表達誠摯的謝忱。

提示60

用6倍速工作，就算失敗了，還有時間再度挑戰！

實力，
才是加薪升職的標準！

職場通 職場通系列 009

哈佛商學院教我的 30 歲就定位の成功術

公司留你、同業挖角，60 個幫自己「增值」的工作提示大公開！

仕事は 6 倍速で回せ！

作　　者　石塚孝一
譯　　者　黃文玲
總 編 輯　何玉美
主　　編　林俊安
責任編輯　鄒人郁
封面設計　張天薪
內文排版　菩薩蠻數位文化有限公司

出版發行　采實文化事業股份有限公司
行銷企劃　陳佩宜・黃于庭・馮羿勳・蔡雨庭
業務發行　張世明・林踏欣・林坤蓉・王貞玉
國際版權　王俐雯・林冠妤
印務採購　曾玉霞
會計行政　王雅蕙・李韶婉
法律顧問　第一國際法律事務所　余淑杏律師
電子信箱　acme@acmebook.com.tw
采實官網　www.acmebook.com.tw
采實臉書　www.facebook.com/acmebook01

I S B N　978-986-9030-73-1
定　　價　300 元
初版一刷　2014 年 4 月
劃撥帳號　50148859
劃撥戶名　采實文化事業股份有限公司
104 台北市中山區南京東路二段 95 號 9 樓
電話：(02)2511-9798　傳真：(02)2571-3298

國家圖書館出版品預行編目資料

哈佛商學院教我的 30 歲就定位の成功術 : 公司留你、同業挖角，60 個幫自己「增值」的工作提示大公開！ / 石塚孝一著 ; 黃文玲譯 . -- 初版 . -- 臺北市 : 采實文化 , 2014.04
面 ;　公分 . -- (職場通系列 ; 9)
譯自 : 仕事は 6 倍速で回せ！
ISBN 978-986-9030-73-1(平裝)
1. 職場成功法

494.35　　103004836

采實出版集團
ACME PUBLISHING GROUP

廣 告 回 信
台 北 郵 局 登 記 證
台 北 廣 字 第 0 4 4 0 1 號
免 貼 郵 票

采實文化 采實文化事業有限公司

104台北市中山區南京東路二段95號9樓

采實文化讀者服務部　收

讀者服務專線：02-2511-9798

石塚孝一◎著 黃文玲◎譯

哈佛商學院教我的
30歲就定位の成功術

仕事は6倍速で回せ!

職場通
009

職場通用回函

系列：職場通系列009
書名：哈佛商學院教我的30歲就定位の成功術

讀者資料（本資料只供出版社內部建檔及寄送必要書訊使用）：

1. 姓名：
2. 性別：□男 □女
3. 出生年月日：民國　　年　　月　　日（年齡：　　歲）
4. 教育程度：□大學以上 □大學 □專科 □高中（職） □國中 □國小以下（含國小）
5. 聯絡地址：
6. 聯絡電話：
7. 電子郵件信箱：
8. 是否願意收到出版物相關資料：□願意 □不願意

購書資訊：

1. 您在哪裡購買本書？□金石堂（含金石堂網路書店） □誠品 □何嘉仁 □博客來
□墊腳石 □其他：＿＿＿＿＿＿＿＿（請寫書店名稱）
2. 購買本書日期是？＿＿＿年＿＿＿月＿＿＿日
3. 您從哪裡得到這本書的相關訊息？□報紙廣告 □雜誌 □電視 □廣播 □親朋好友告知
□逛書店看到□別人送的 □網路上看到
4. 什麼原因讓你購買本書？□對主題感興趣 □被書名吸引才買的 □封面吸引人
□內容好，想買回去做做看 □其他：＿＿＿＿＿＿＿＿（請寫原因）
5. 看過書以後，您覺得本書的內容：□很好 □普通 □差強人意 □應再加強 □不夠充實
6. 對這本書的整體包裝設計，您覺得：□都很好 □封面吸引人，但內頁編排有待加強
□封面不夠吸引人，內頁編排很棒 □封面和內頁編排都有待加強 □封面和內頁編排都很差

寫下您對本書及出版社的建議：

1. 您最喜歡本書的特點：□實用簡單 □包裝設計 □內容充實
2. 您最喜歡本書中的哪一個章節？原因是？

＿＿＿＿＿＿＿＿＿＿＿＿＿＿＿＿＿＿＿＿

＿＿＿＿＿＿＿＿＿＿＿＿＿＿＿＿＿＿＿＿

3. 您最想知道哪些關於投資理財的觀念？

＿＿＿＿＿＿＿＿＿＿＿＿＿＿＿＿＿＿＿＿

＿＿＿＿＿＿＿＿＿＿＿＿＿＿＿＿＿＿＿＿

4. 人際溝通、說話技巧、理財投資等，您希望我們出版哪一類型的商業書籍？

＿＿＿＿＿＿＿＿＿＿＿＿＿＿＿＿＿＿＿＿

＿＿＿＿＿＿＿＿＿＿＿＿＿＿＿＿＿＿＿＿

暢銷好書推薦

要忙，就忙得有意義：

在時間永遠不夠、事情永遠做不完的年代，選擇忙什麼，比忙完所有事更重要

蘿拉．范德康著／ 林力敏譯

解決問題的商業框架圖鑑：

七大類工作場景 ╳ 70款框架，改善企畫提案、執行力、組織管理效率，精準解決問題全圖解

AND股份有限公司著／周若珍譯

五秒法則：

倒數54321，衝了！全球百萬人實證的高效行動法，根治惰性，改變人生

梅爾．羅賓斯著／吳宜蓁譯